Luis Román

ELECTRICIDAD DEL AIRE ACONDICIONADO

Motores Eléctricos

outskirts
press

Outskirts Press, Inc.
http://www.outskirtspress.com

ISBN: 978-1-4787-8676-4

Outskirts Press and the "OP" logo are trademarks belonging to Outskirts Press, Inc.

PRINTED IN THE UNITED STATES OF AMERICA

ÍNDICE

IMPORTANTE

La informacion que aparece en este manual, es para ser usada por personas que conocen de aire acondicionado por experiencia de trabajo o son graduados de algún curso de aire acondicionado y no para aquellas personas que no conocen este oficio.

Este no es un manual de "<u>Hágalo usted mismo.</u>" Cualquier problema que ocurra debido al desconocimiento previo de lo que aquí se explica, es de su entera responsabilidad. No trate de hacer algo de naturaleza peligrosa. No somos responsables de su irresponsabilidad

We do not make any claims of the accuracy of the information herein. It is your responsibility and you must check it out before using this information. This is not a "Do it yourself" manual.

Este manual ha sido confeccionado con la información existente durante su publicación y en el mismo no encontrará toda la información del momento actual.

ELECTRICIDAD DEL AIRE ACONDICIONADO.

En los sistemas de aire acondicionado existen dos tipos de problemas, que causan que el sistema no enfríe; mecánicos y eléctricos. Cuando el compresor no comprime, o cuando la válvula de expansión no funciona o cuando al sistema se le escapó el refrigerante, estos son problemas mecánicos; posibles que ocurran pero con menos frecuencia.

Los problemas eléctricos, por el otro lado, son más frecuentes y comunes. La gran mayoria de los problemas que encontramos en aire acondicionados son eléctricos.

Cuando nos encontramos frente a un sistema, el cual no enfría, y cuando se pone en funcionamiento ninguno de sus componentes eléctricos funciona, el problema es totalmente eléctrico. En este caso lo primero que debe hacerse, es determinar cuál es la causa que impide que los componentes eléctricos se energicen. Una vez que se encuentra y resuelve la causa del problema eléctrico, el sistema se pone en funcionamiento. Sin embargo es posible que a pesar de que todos los componentes eléctricos estén funcionando, el sistema aún no enfría, entonces el problema es mecánico.

Cuando se trata de determinar la causa o causas que han creado un problema, siempre se debe ir, de lo simple a lo complejo. Esto quiere decir que al diagnosticar un sistema, lo primero que debemos hacer, es estar seguro que al equipo le llega suministro eléctrico. Se puede dar el caso que la causa del problema sea que un fusible se fundió o el breaker se abrió. Si un fusible o el breaker es la causa del problema, entonces ya sabemos la razón por la cual el sistema no funciona.

En algunas ocasiones, a veces la causa no es tan obvia y es necesario hacer un chequeo más detallado para poder determinar la causa real por la cual los fusibles se abrieron. En la mayoria de los casos, la causa real es que en algún lugar del circuito eléctrico, se produjo un corto circuito.

Algunos de los componentes eléctricos que pueden ser la causa de que el sistema de aire acondicionado no enfríe pueden ser:

- Motor eléctrico dañado.
- Termostato defectuoso.
- Compresor arruinado.
- Contactor magnético o Relay dañados.
- Tarjeta electrónica estropeada.

Por esta razón, es de suma importancia saber identificar y conocer cada uno de los componentes eléctricos que forman parte del sistema eléctrico y la relación existente entre cada uno de ellos.

Para poder determinar con exactitud dónde está la causa del problema en un aire acondicionado, es necesario conocer cómo va conectado cada componente eléctrico del sistema.

Cada uno de los controles y dispositivos usados en el aire acondicionado, tienen una función específica y aunque algunos, exteriormente se asemejan, los mismos son completamente diferentes en la función que realizan.

Cuando todos los componentes eléctricos del sistema están operando pero ahora el sistema no enfría, el problema es mecánico.

En este manual se estudiará cada uno de los componentes eléctricos más comúnmente usados en el aire acondicionado central, residencial o sistema dividido.

Seria extremadamente difícil tratar de reflejar en este manual todos los sistemas de aire acondicionado que existen en la actualidad. Recuerde que diariamente se introducen nuevas ideas y equipos que mejoran el funcionamiento y la eficiencia de los equipos modernos.

En muchos de los equipos de aire acondicionado usados en la actualidad, se utilizan tarjetas electrónicas y nuevos dispositivos mecánicos. En estas tarjetas, han sido incorporados los controles del sistema que operan con bajo voltaje. (Fan Relay, Secuenciador Termico). Estas tarjetas electrónicas de control, no deben ser causa de preocupación, ya que las mismas facilitan encontrar el problema que pueda existir en el sistema.

Si uno de los controles en la tarjeta no funciona, la solución generalmente, es cambiar la misma por una nueva. No trate de cambiar ningún componente dañado (resistencia o diodo) de la tarjeta. Aunque el componente o dispositivo que no funciona o está dañado, se pueda ver en el tarjeta, no trate de reemplazarla. Cambie la tarjeta por una nueva. Cuando se cambia la tarjeta completa, se ahorra tiempo y el trabajo realizado, está garantizado.

Recuerde que usted es técnico de aire acondicionado y no técnico electrónico. La electrónica es una especialidad completamente diferente a la del aire acondicionado y la misma se estudia aparte. Aire acondicionado no es electrónico y por lo tanto no es su especialidad. Es lógico que un técnico deba tener conocimiento de los componentes del aire acondicionado, pero no para trata de reparar componentes electrónicos.

Usted debe tener ciertos conocimientos eléctricos para poder determinar dónde está el problema o la causa, pero el tratar de reparar un circuito integrado, no es su especialidad ni es una buena idea.

Esperamos que este manual lo ayude en su profesión.

SISTEMA DE AIRE ACONDICIONADO CENTRAL. (RESIDENCIAL)

El sistema de aire acondicionado más comúnmente usado en las casas y residencias, es el sistema dividido, el cual es conocido como aire acondicionado Central.

Se le llama sistema dividido, ya que el mismo está compuesto por dos unidades independientes y separadas; la manejadora de aire y la unidad de condensación. Estas unidades están separadas una de la otra ya que una es instalada en el interior de la casa o vivienda, (manejadora de aire) y la otra en el exterior (condensador).

Dentro de la manejadora de aire, encontramos la mayoría de los controles eléctricos que se emplean en el aire acondicionado con el fin de que el mismo realice sus diferentes funciones. Los controles son los dispositivos electricos que controlan el paso de una corriente de alto voltaje (208/240 volts) por medio un bajo voltaje (generalmente 24 volts). Este bajo voltaje es el encargado de energizar la bobina un bimetal térmico para de esta forma permitir o no el paso del alto voltaje a los motores, compresor y resistencias de la calefacción.

Todos estos componentes mencionados anteriormente, (motores y compresores) requieren el suministro de un voltaje alto para poder funcionar adecuadamente. Cuando el sistema de aire acondicionado se pone en enfriamiento a través del termostato, a los diferentes controles como el Fan Relay y Contactor Magnético, les llega el Bajo Voltaje necesario para cerrar sus contactos y permitir el paso del Alto Voltaje al motor del Blower, al motor del ventilador del condensador y al compresor.

Cuando la temperatura del aire del lugar en que se encuentra el termostato, alcanza el la temperatura deseada, el termostato interrumpe el suministro de bajo voltaje a los controles y se detiene el funcionamiento del equipo.

El termostato es el componente eléctrico del circuito de bajo voltaje, encargado de apagar y encender el sistema de acuerdo con la temperatura que se quiere mantener dentro del local o vivienda.

El termostato distribuye el bajo voltaje que le llega desde el transformador, a los diferentes controles y protectores del equipo. Todo sistema de aire acondicionado debe ser protegido contra situaciones inesperadas que pueden dañar al compresor del sistema o cualquier otro componente. Los protectores del sistema son los encargados de proteger al sistema en caso que cualquiera de las siguientes situaciones ocurra:

1. Elevada presión de descarga
2. Escape total del refrigerante.
3. Falla repentinamente de suministro eléctrico.

Cuando cualquiera de estas tres situaciones mencionadas ocurre, el funcionamiento del compresor se detiene.

Cuando existe una elevada presión de descarga o el refrigerante del sistema se escapó, si el compresor continuara funcionando, el mismo se podría dañar.

Cuando el suministro de voltaje al compresor se detiene y al instante se le vuelve a suministrar, como cuando se va y viene la electricidad, el consumo de corriente (amperaje) es tan elevado que el protector de sobrecarga se abre y detiene el funcionamiento del compresor.

Para evitar que el compresor trate de arrancar cuando esto ocurre, se usa el Time Delay. La mayoría de las unidades que se fabrican en la actualidad, ya tienen, en su sistema eléctrico, un time Delay.

Los controles del sistema que se encuentran en la Manejadora de Aire y que trabajan con el bajo voltaje, que le suministra el termostato, son los siguientes:

- ▶ Fan Relay
- ▶ Secuenciador térmico.

Además, dentro de la Manejadora de Aire también encontramos al transformador reductor de voltaje. Este transformador puede ser alimentado a través del enrollado primario con 208 ó 240 Volts, para obtener 24 volts a la salida del enrollado secundario. En aire acondicionado este voltaje a la salida del transformador es lo que se conoce como bajo voltaje. Este bajo voltaje es necesario para energizar a los controles de la manejadora de aire. El termostato, es el dispositivo encargado del suministro del bajo voltaje a los controles del sistema.

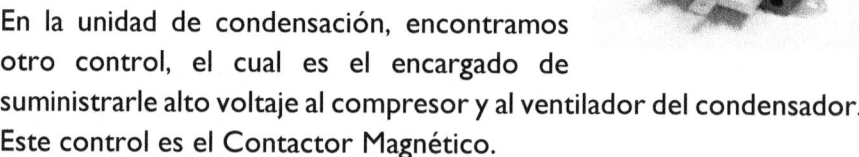

En la unidad de condensación, encontramos otro control, el cual es el encargado de suministrarle alto voltaje al compresor y al ventilador del condensador. Este control es el Contactor Magnético.

En la unidad de condensación encontramos uno de los componentes más importante y más protegido en el sistema; el compresor. El compresor es el corazón del sistema ya que el mismo es el encargado de "bombear" gas el refrigerante hacia el condensadora. Una vez que este gas se convierte en líquido y sale del condensador, el compresor mantiene presión determinada a través de todo el sistema. El compresor es el componente encargado de mantener la presión adecuada en cada uno de los lados del sistema. (Lado de Baja Presión y Lado de Alta Presión.

Determinación de los terminales del compresor

¿Cómo determinar los terminales de un compresor?

En los sistemas de aire acondicionado y refrigeración, el compresor es el componente del sistema encargado de succionar el vapor frio a baja presión que se forma en el evaporador y descargarlo al condensador. Este vapor frío a baja presión es comprimido por el compresor y descargado al condensador. El vapor sale del compresor a alta presión y alta temperatura para convertirse en líquido.

El gas de descarga tiene que poseer una presión elevada para que el mismo se pueda condensar. Cuando la presión aumenta, la temperatura también aumenta y esto permite que sea posible que el gas caliente intercambie calor y se convierta en liquido en el condensador.

Para lograr que el compresor comprima el vapor y aumente considerablemente su presión, es necesario que el motor eléctrico impulsor, sea lo suficientemente potente para lograrlo.

Cuando un sistema de aire acondicionado está funcionado, a través de los enrollados del motor del compresor, está circulando corriente la cual, en ocasiones puede ser elevada y la misma aumenta la temperatura del motor.

En todo tipo de compresor hermético, las causas más comunes que ocasionan problemas en los mismos, pueden ser de origen mecánico o eléctrico.

Como los problemas eléctricos en el compresor son originados en los enrollados, es necesario conocer cómo detectar y determinar cuál es la causa de cualquier avería que se pueda encontrar. Todo problema eléctrico puede ser detectado con un multímetro.

Como cualquier problema eléctrico está relacionado con los enrollados del compresor, lo primero que se debe hacer es medir los enrollados del motor. Para diagnosticar cualquier problema eléctrico y antes de hacer cualquier tipo de conexión eléctrica en el compresor, es verdaderamente importante identificar, si no se conocen, cuales son los terminales **C** (Común), **R** (Run, Marcha) y **S** (Start, Arranque).

Para determinar estos terminales, se debe proceder de la siguiente forma:

- desconectar todos los conductores eléctricos (cables) que llegan a dichos terminales para evitar la posibilidad de lecturas falsas.
- dibujar sobre una hoja de papel la configuración que tienen los terminales en el compresor.
- medir las resistencias eléctricas que existen entre cada uno de los terminales con un multímetro, usando la escala de resistencia.
- asignar los valores obtenidos entre los terminales 1-2, 1–3 y 2-3 para identificar los terminales del compresor.

Analicemos el siguiente ejemplo.-

1.- En un papel se ha dibujado la configuración de los terminales de un compresor en cual no están identificados sus terminales

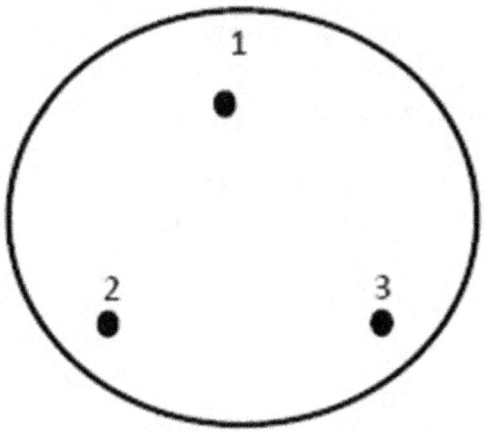

2.- Usando el multímetro en la escala de Resistencia (Ω, ohm), se mide y anota el valor de resistencia que existe **entre 1-2, 1-3 y 2-3**. Supongamos que se obtienen los siguientes valores:

    a) **1 – 2 = 1.5 Ω,**
    b) **1 - 3 = 2.6 Ω**
    c) **2 – 3 = 4.1 Ω**

Al anotar los valores obtenidos, en la figura de papel, la misma quedaría de la siguiente forma:

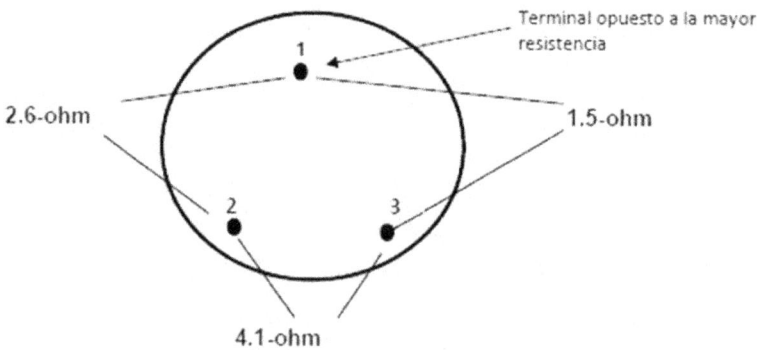

El motor del compresor, está formado por dos enrollados; uno de Arranque (**CS**) y el otro de Marcha (**CR**). El enrollado de Marcha siempre tiene el menor valor de resistencia. El enrollado de arranque tiene mayor valor de resistencia que el de Marcha, La suma de los dos valores de resistencias obtenidos, será la lectura de mayor resistencia. De acuerdo con esto, podemos decir que:

SR = CS + CR, o sea,
4.1 Ω = 2.6 Ω +1.5 Ω

C, es el terminal Común de los dos enrollados

> **CR,** es el enrollado de Marcha **(Run)**
> **CS**, es el enrollado de arranque **(Start)**
> **SR**, es la suma de los dos enrollados.

De acuerdo a los valores de resistencias (ohm-Ω) obtenidos, ahora podemos proceder a identificar los terminales 1, 2 y 3 de la siguiente manera:

- El Común **(C),** es el Terminal opuesto a la *mayor* resistencia **(SR = 4.1 Ω.)**
- El enrollado de Marcha, es el de *menor* resistencia **(1.5 Ω) CR**, por lo tanto el terminal #2 es **R**
- El último Terminal será **S**, ya que **CS**, es el enrollado de valor *intermedio* **(2.6 Ω)** de los tres valores obtenidos

Después de haber realizado todas las medidas de resistencias de los enrollados, se puede decir, que los terminales de este compresor, quedan identificados de la siguiente forma:

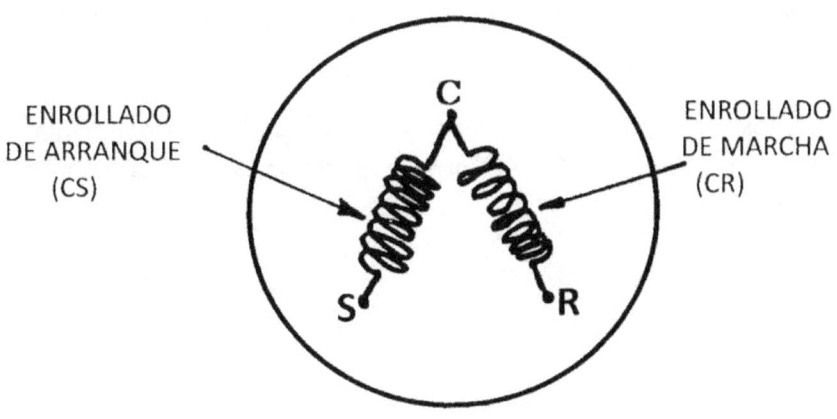

ENROLLADO DE ARRANQUE (CS)

ENROLLADO DE MARCHA (CR)

TERMINALES IDENTIFICADOS

Supongamos que ahora tenemos un compresor el cual presenta sus terminales en la siguiente manera.

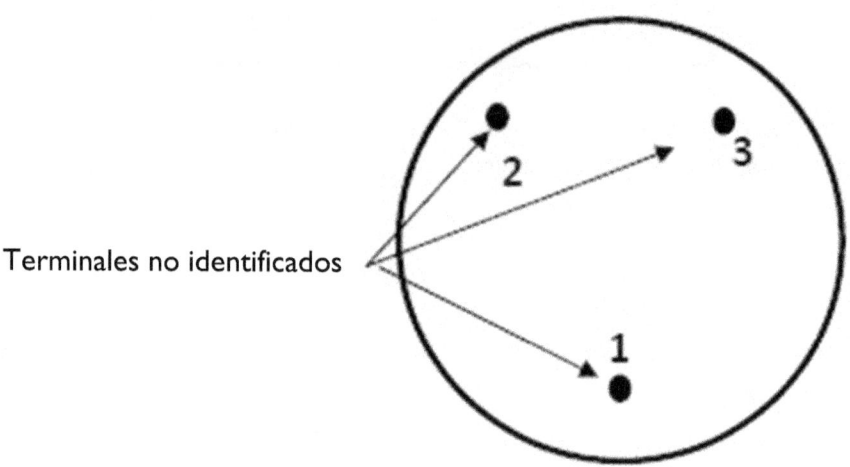

Terminales no identificados

Se procede a medir las resistencias de los enrollados, de la misma forma que se explicó anteriormente, usando el multímetro para medir el valor de las resistencias.

Supongamos que las lecturas de resistencias obtenidas, fueron las siguientes.

Entre los terminales 1 y 2 la resistencia es **2.2** Ω Entre os terminales 1 y 3 la resistencia es **4.2** Ω Entre los terminales 2 y 3 la resistencia es **6.4** Ω

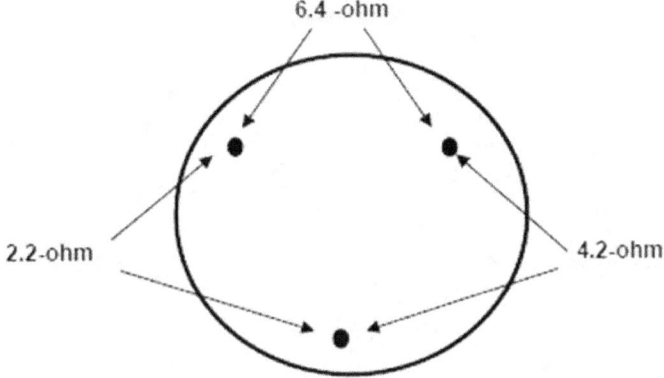

En todo compresor, el **Común (C)** es siempre el terminal opuesto a la mayor resistencia. En este ejemplo se puede observar que al sumar los resultados obtenidos **2.2** Ω **+ 4.2** Ω vamos a obtener **6.4** Ω De acuerdo con estos valores, podemos decir que el Terminal # 1 es el **C,** ya que el mismo está opuesto a la *mayor* resistencia (**6.4** Ω)

El Terminal #2, es **R** ya que entre éste y el #1 existe la resistencia de *menor* valor y como es sabido, la menor resistencia obtenida corresponde al enrollado de Marcha (**CR**) y se sabe que el termina #1 es el Común.

El último Terminal es el # 3, el cual es el **S** ya que **CS** es el enrollado de Arranque.

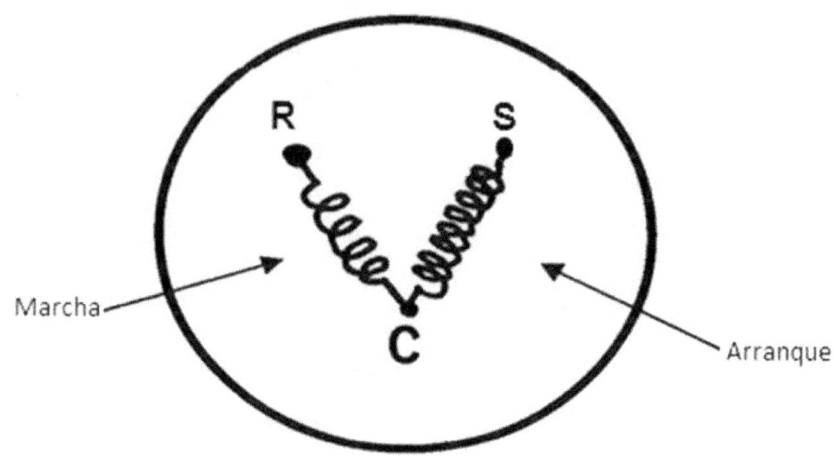

Esta configuración de los terminales de un compresor, la podemos encontrar en compresores usados en refrigeradores domésticos. (Ver figura a continuación)

Cada vez que es necesario identificar los terminales de un compresor, el método explicado es el usado.

Recuerde que aunque los terminales de un compresor estén identificados, a veces es necesario conocer los valores de las resistencias de sus enrollados para poder diagnosticar cualquier problema eléctrico que pueda existir en el compresor.

Los terminales de un compresor deben ser identificados cuando es necesario comprobar si sus enrollados tienen continuidad o si tienen la resistencia correspondiente ya que de acuerdo con los valores que se obtengan, se puede determinar dónde está el problema.

Los terminales también tienen que conocerse, cuando es difícil de identificarlos en el compresor visualmente. Si el compresor se va a arrancar o sea ponerse a funcionar, tenemos que saber con exactitud, cuales son los terminales de Marcha (**R**), Arranque **(S)** y el Común **(C)**, para poder hacer las conexiones eléctricas correspondientes y no dañar el compresor.

COMPRESORES SEMI HERMETICOS.

En los compresores Semi-herméticos, también sus terminales están identificados como en el de los compresores herméticos. La única diferencia es que los terminales están alineados horizontalmente. En el caso de los motores trifásicos, los terminales están identificados con T_1, T_2 Y T_3.

Para identificar los terminales en estos compresores, se procede de la misma manera que se hizo con los compresores herméticos.

Al igual que el compresor hermético, en el compresor Semi-hermético existen un enrollado de arranque **(CS)** y el otro de marcha **(CR)** y mismas reglas que se cumplen en el compresor hermético, se cumple en el Semi- hermético. La suma de los dos enrollados, es igual al valor de resistencia entre los terminales **SR**.

$$\text{CR} + \text{CS} = \text{SR}$$

Cuando **SR** no es igual a la suma de los dos enrollados del compresor, entonces existe un problema. Necesariamente la lectura obtenida al leer las resistencias con el multímetro, no va a ser igual a la suma obtenida matemáticamente, pero esta diferencia no puede ser muy desproporcionada.

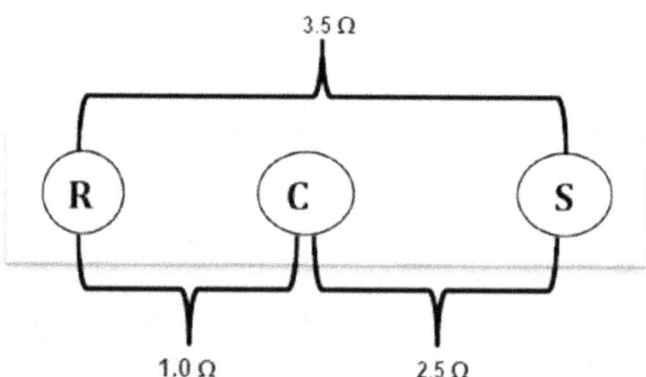

Problemas eléctricos de los compresores

Problemas eléctricos en los compresores con motor monofásico.

Cuando un compresor deja de cumplir con su función, el problema que ocasionó esta situación, puede ser mecánico o eléctrico. Los problemas eléctricos más comunes que pueden ocasionar que un compresor deje de funcionar son:

1. Enrollado abierto
2. Enrollado en corto circuito
3. Enrollado ido a tierra.

1. Enrollado abierto.

Para poder conocer si alguno de los enrollados del compresor está abierto, es necesario utilizar el multímetro para medir y conocer si existe continuidad en los mismos.

La escala que se usa es la de continuidad. En este caso no necesitamos conocer el valor en ohm de los enrollados, simplemente se quiere saber si existe continuidad o no. Recuerde que cuando se busca continuidad lo que necesitamos es que exista sonido entre los terminales cuando los tocamos.

Como se puede ver en la siguiente figura, entre los terminales CS, CR y SR, existe continuidad porque al tocar los mismos, se escucha el sonido característico de la continuidad.

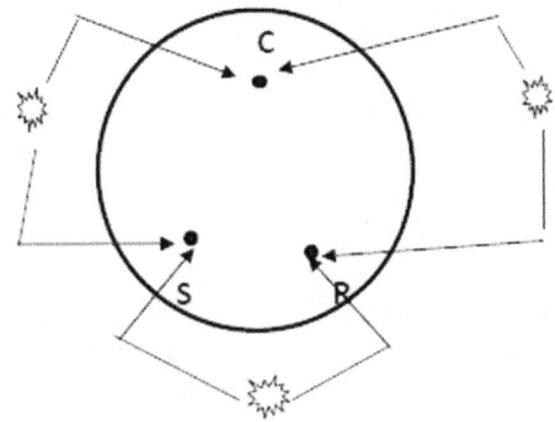

☼ - (Sonido) Hay continuidad (Ω)

Entre **C** y **S**, **C** y **R** y entre **S** y **R** tiene que existir continuidad. Si al tocar cualquiera de estos terminales con cualquier otro y no suena el multímetro, ese enrollado está abierto y el compresor debe ser remplazado.

2.- Enrollado en corto circuito.

Para determinar cuál de los enrollados del motor eléctrico del compresor está en corto circuito, también es usado el multímetro. En esta ocasión necesitamos conocer el valor exacto de resistencia, de cada enrollado para compararlos con la suma matemática de los enrollados (**SR = CR + SR**) o con los supuestos valores que debe tener cada enrollado. El enrollado de arranque tiene mayor valor de resistencia, (ohm) que el enrollado de marcha. La suma de estos dos enrollados resultara en el mayor valor. Si al medir los valores de los dos enrollados procedemos a sumarlos y la suma obtenida es menor o mayor de la que debe ser, entonces en el motor existe un corto circuito.

El compresor puede ponerse en funcionamiento y en dependencia del valor del corto circuito, puede detenerse rápidamente debido a que el incremento de corriente (amperaje) aumenta demasiado y se abre el protector de sobrecarga.

A veces el protector de sobrecarga está abierto y el compresor no arranca. Lo primero que debe hacerse es esperar a que el compresor se enfríe para poder realizar las operaciones pertinentes. Con el compresor caliente no es posible chequear sus enrollados.

Una vez que el compresor está suficientemente frio, se procede a comprobar si existe continuidad o resistencia entre los terminales del compresor. Si el protector de sobrecarga se abrió pero no se cerró nuevamente, se va a obtener continuidad o resistencia entre los terminales **S** y **R,** pero no existirá continuidad entre **CS** ni entre **CR** ya que el protector está abierto

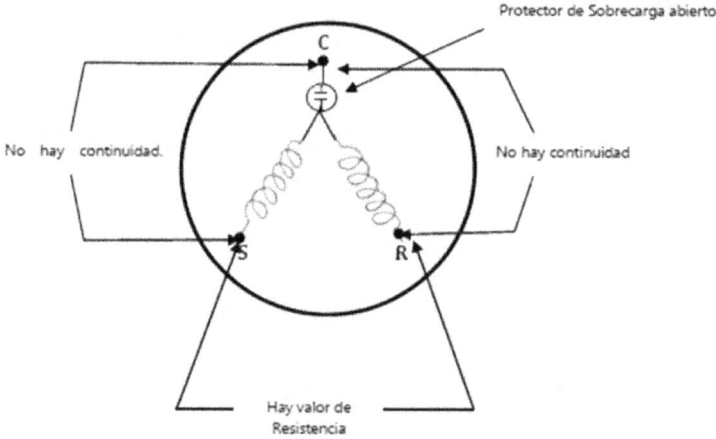

Si el protector de sobrecarga está abierto, no hay nada que se pueda hacer para reparar el compresor. Si esta es la situación que existe, el compresor tiene que ser cambiado por uno nuevo.

3.- Motor ido a tierra.

Cuando un compresor esta ido a tierra, es porque un cable de uno de los enrollados ha hecho contacto con la carcasa del compresor. Cuando un compresor esta ido a tierra, no existe ninguna forma de ponerlo a funcionar. Cada vez que se trata de arrancar, los breaker se disparan y se abre el circuito. Cuando esto ocurre no trate de cambiar el capacitor o instalarle un capacitor de arranque porque no va a arrancar. La única solución posible es cambiar el compresor.

¿Cómo se sabe que un compresor esta ido a tierra? La primera y más contundente indicación, es que el breaker se dispara o abre cuando el termostato se pone en posición de enfriamiento (Cool). Solamente un compresor ido a tierra, es capaz de disparar el breaker instantáneamente.

La segunda forma de comprobar si está ido a tierra, es chequeando continuidad entre cualquiera de los terminales del compresor (**C, S.** y **R**) y la línea de succión o la carcasa del compresor. Si existe continuidad entre estos dos puntos, el compresor no sirve, está ido a tierra y debe ser remplazado por uno nuevo.

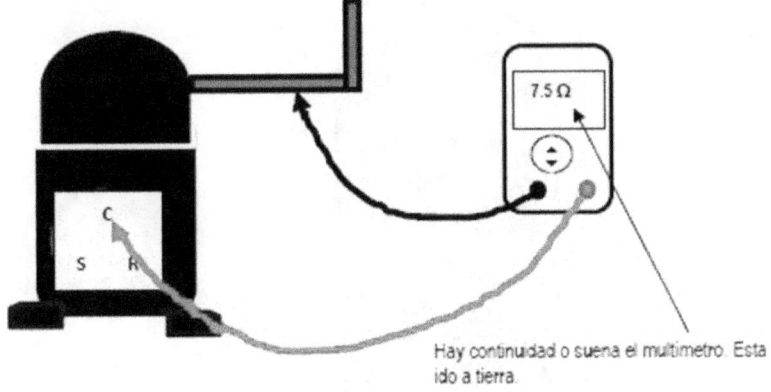

Hay continuidad o suena el multímetro. Esta ido a tierra.

Recalentamiento del motor y el compresor

Como es conocido, una parte de la energía eléctrica que llega al motor eléctrico, se convierte en calor. Si parte de esta cantidad de calor no es disipada, los enrollados del motor pueden recalentarse excesivamente y el mismo se puede averiar. Además de esto, durante el proceso de compresión, la temperatura del gas de descarga se incrementa considerablemente, causando el recalentamiento del compresor.

Como el motor se encuentra en el interior de la carcasa del compresor, es muy importante que el vapor que sale del evaporador llegue al interior del compresor con una temperatura inferior a la que existe en el motor.

La función de este vapor frio que retorna al compresor es la de eliminar parte del calor que existe en el interior del compresor.

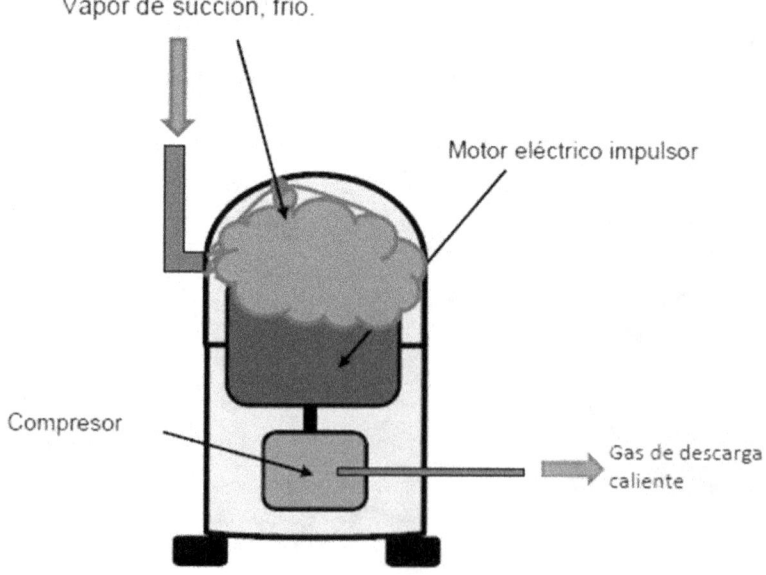

Vapor de succión, frio.

Motor eléctrico impulsor

Compresor

Gas de descarga caliente

Motores Trifásicos

COMPRESOR CON MOTOR TRIFASICO

En algunas unidades de condensación de equipos de aire acondicionado de más de cinco toneladas, con frecuencia son usados compresores que utilizan motores trifásicos.

Desde el punto de vista de la potencia, se puede alcanzar la misma o mayor potencia con un motor trifásico más pequeño que un motor monofásico. Esto significa que para una potencia determinada, el motor trifásico es mucho más pequeño que e monofásico.

Por lo general, los motores trifásicos no son usados en los equipos de aire acondicionado destinados a las residencias. Esto se debe a que el voltaje de alimentación de dichos motores, es suministrado a los comercios y no a las viviendas

En los compresores herméticos trifásicos, los terminales de conexiones no son iguales a los de un compresor monofásico. En el compresor monofásico, los terminales del mismo están identificados con las letras **C** (Común), **S** (Arranque) y **R** (Marcha). En el compresor trifásico, los terminales están identificados con las letras T_1, T_2 y T_3, a los cuales van conectadas las líneas L_1, L_2 y L_3 que salen del contactor Magnetico.

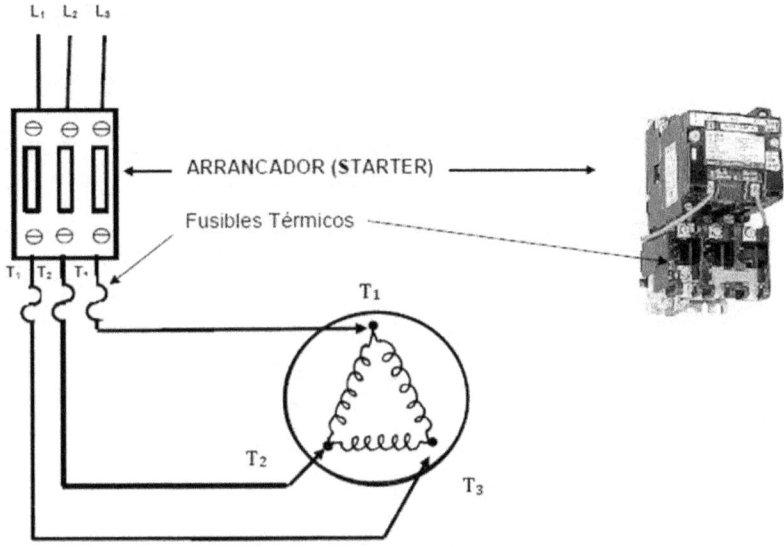

Este arrancador electromagnético es usado en los circuitos eléctricos trifásicos de aire acondicionado para poner en funcionamiento al sistema. La diferencia que existe entre el arrancador y el contactor magnetico, es que en el arrancador han sido incorporados protectores térmicos los cuales protegen a las cargas de un sobrecalentamiento.

En algunos de estos circuitos eléctricos son usados botones para el arranque y la parada de motores trifásicos.

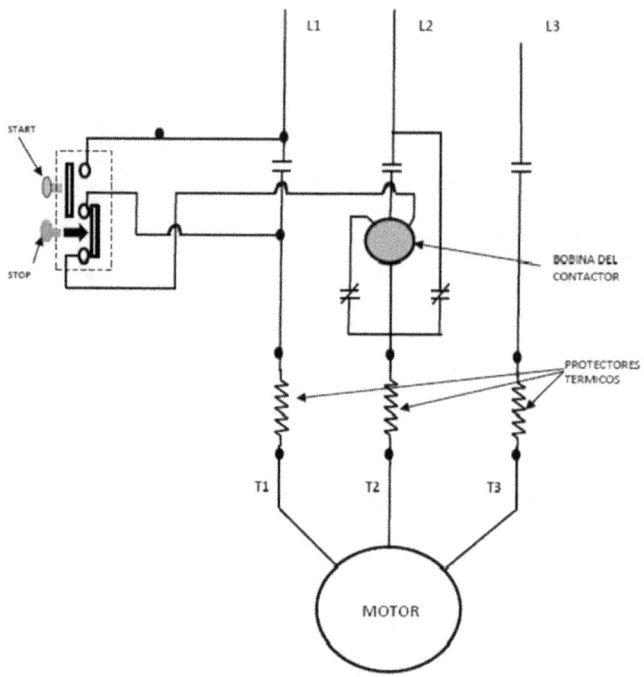

Cuando el botón verde (Start) se presiona, se energiza la bobina del arrancador y los contactos que suministran el alto voltaje al motor, se cierran y el mismo se pone en funcionamiento. Una vez que el motor arranca, el botón vuelve a su posición inicial al dejar de presionarlo.

El motor trifásico no usa capacitores porque no los necesita. Esto quiere decir que la conexión al Contactor Magnético, es más fácil de realizar ya que no es necesaria la conexión al capacitor.

Cuando se realizan las conexiones del contactor al compresor, asegúrese que las líneas de alimentación identificadas (L_1, L_2, y L_3) sean conectadas a los terminales correspondientes, o sea L_1 a T_1, L_2 a T_2 y L_3 a T_3.

Resistencias de los enrollados de un compresor trifásico.

En los compresores herméticos de aire acondicionado o refrigeración, que utilizan motores trifásicos todos los enrollados tienen el mismo valor de resistencia. Como no existen enrollados de arranque o marcha, como en el monofásico, si se midieran sus enrollados, el valor que se obtendría seria el mismo.

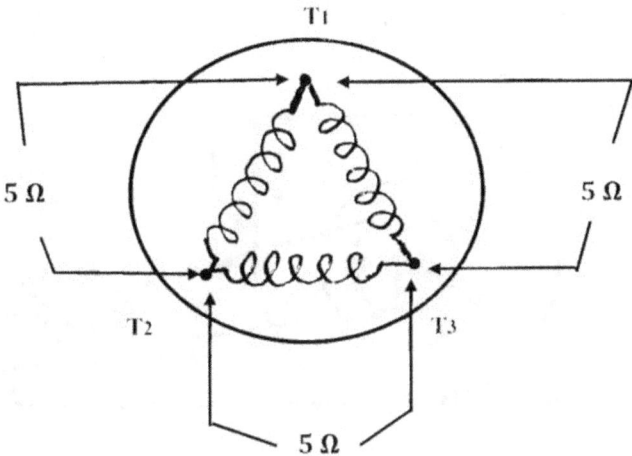

Cualquiera de las líneas que se conecte erróneamente, provocará que el compresor rote en sentido contrario al que debe rotar y el mismo se puede dañar. Lo mismo ocurriría si un motor trifásico se usa en un ventilador, las aspas rotarían en sentido opuesto al que deben rotar. Siempre asegúrese de realizar las conexiones de la forma correcta.

MOTORES ELECTRICOS TRIFASICOS USADOS PARA MOVER EL SOPLADOR (Blower)

En los equipos de aire acondicionado comerciales de diez o más toneladas, como las dimensiones y peso del soplador son mayores, el motor impulsor del soplador (Blower), es trifásico.

La trasmisión del movimiento del motor eléctrico trifásico al soplador es por medio de coreas y poleas.

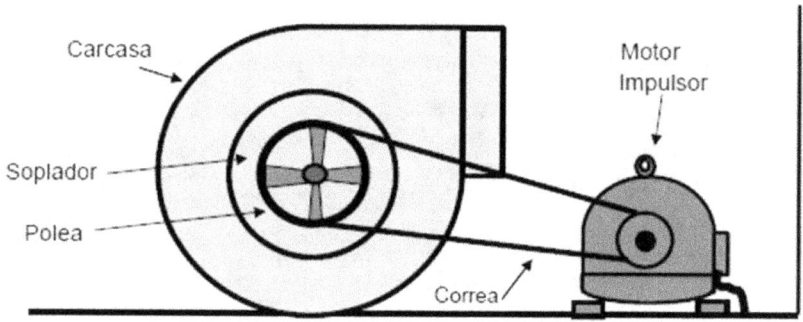

Muchos de estos motores trifásicos pueden trabajar con dos voltajes; 240 y 480 V. En dependencia del voltaje que será usado, los enrollados del motor, serán conectados en serie o en paralelo.

Cuando el motor es usado con el menor voltaje, los enrollados son conectados en paralelo. Cuando el mayor voltaje es el que el motor va a usar, entonces los enrollados se conectan en serie.

Para realizar las diferentes conexiones, el motor viene provisto con nueve (9) cables, los cuales son enumerados del 1 al 9. Todos los cables tienen que conectarse de acuerdo con el dibujo esquemático mostrado en la chapilla del motor.

Independientemente de la forma en que están conectados los enrollados en el interior del motor; Delta (Δ) o Estrella (Y), las conexiones del alto y bajo voltaje, son las mismas en ambos tipos de conexiones.

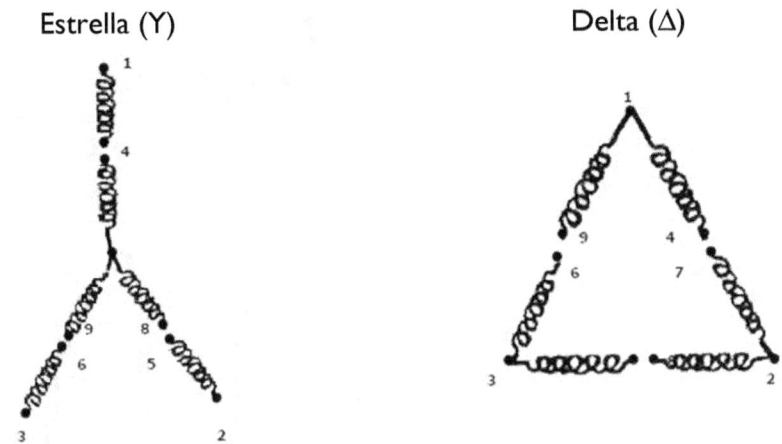

Esta es parte de la informacion que aparece en la chapilla del motor y las conexiones al suministro eléctrico, de acuerdo con el voltaje usado

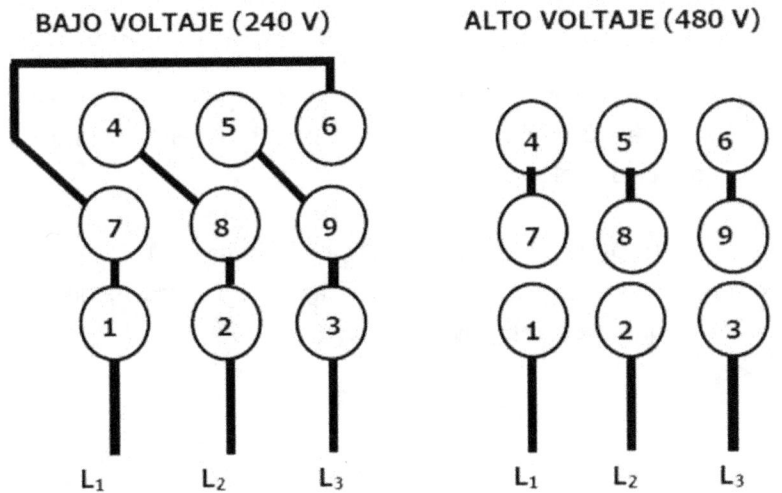

Como puede verse, cuando el motor es conectado al bajo voltaje (240 V), los cables se unen entre sí, de la siguiente forma.

- 6 – 7 – 1 – **L1**
- 4 – 8 – 2 – **L2**
- 5 – 9 – 3 – **L3**

Cuando los cables se conectan al suministro eléctrico de alto voltaje (480 V), los mismos se conectan de la siguiente forma.

- 4 – 7
- 5 – 8
- 6 – 9
- 1 – **L1**
- 2 – **L2**
- 3 – **L3**

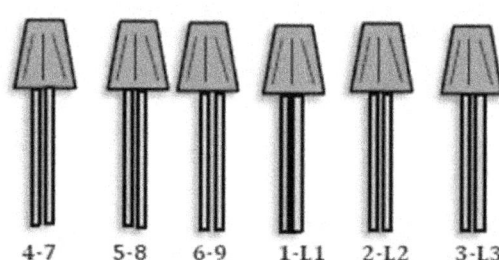

Recuerde que de acuerdo con las leyes de los circuitos, cuando las resistencias se conectan en serie, la resistencia total (R_T) será mayor que cuando se conectan en paralelo.

Como puede observarse, la conexión de este tipo de motor trifásico no es complicada, ya que el diagrama de conexión viene estampado en la chapilla de datos del motor.

Cuando un motor trifásico de este tipo se daña, por lo general el mismo se remplaza por otro nuevo. Tratar de repararlo no es una opción muy común en Estados Unidos.

Motores monofásicos usados en el aire acondicionado

Motor usado en el Soplador (Blower)

El soplador del aire acondicionado residencial utiliza un motor monofásico de fase partida, conocido como motor PSC (Capacitor Permanente Dividido) y en muchos casos de fracciones de caballo de fuerza (HP).

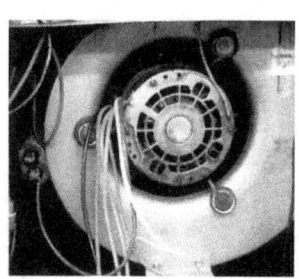
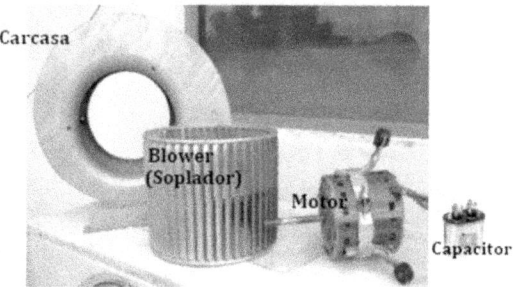

Este motor se identifica fácilmente ya que el mismo siempre emplea un capacitor de Marcha permanentemente en su circuito.

Las conexiones eléctricas de este tipo de motor, se encuentra en la chapilla de datos que viene con el motor.

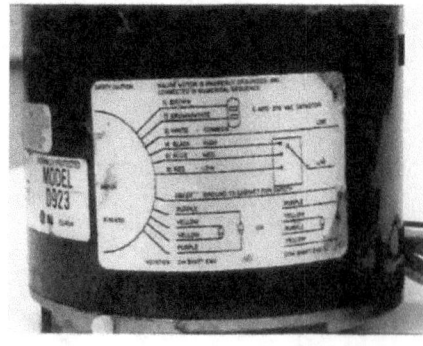

El motor PSC aunque aún es usado en muchos sistemas de aire acondicionado, como impulsor del blower y el ventilador del condensador, en la actualidad el mismo está siendo remplezado por un motor mucho más eficiente (ECM).

Esquema eléctrico de las conexiones de un motor PSC de una Velocidad. Este tipo de motor es muy usado como motor del ventilador del condensador.

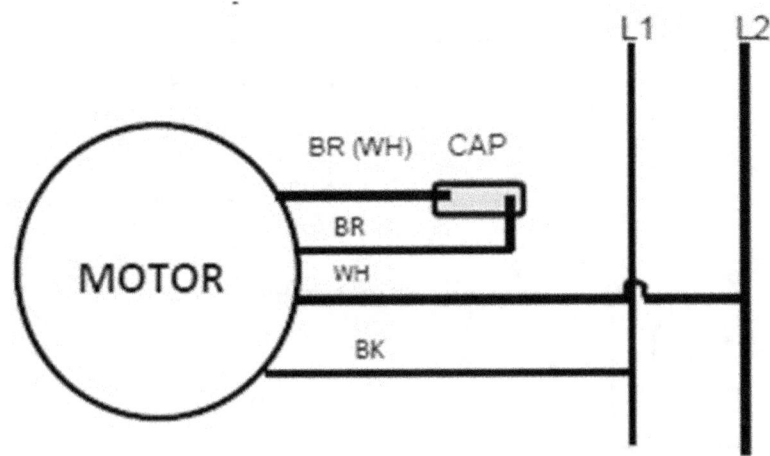

A continuación se muestra el dibujo esquemático de un motor de tres velocidades.

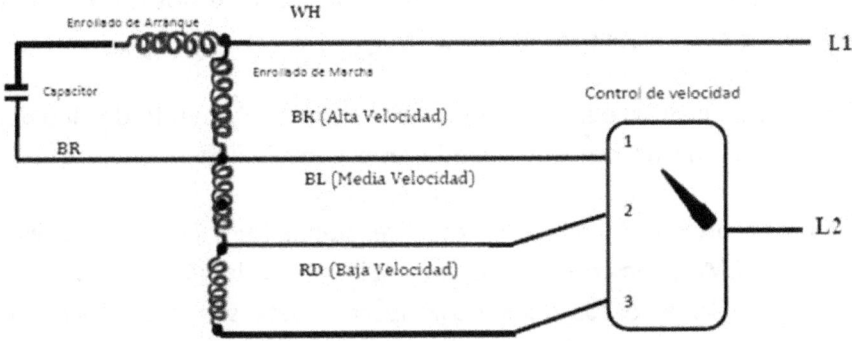

El motor PSC usado como motor impulsor del blower, en la manejadora de aire, a veces es de tres velocidades aunque sólo son usadas dos; Alta y Baja. La Alta Velocidad generalmente siempre se usó para enfriamiento y la Baja velocidad para la calefacción.

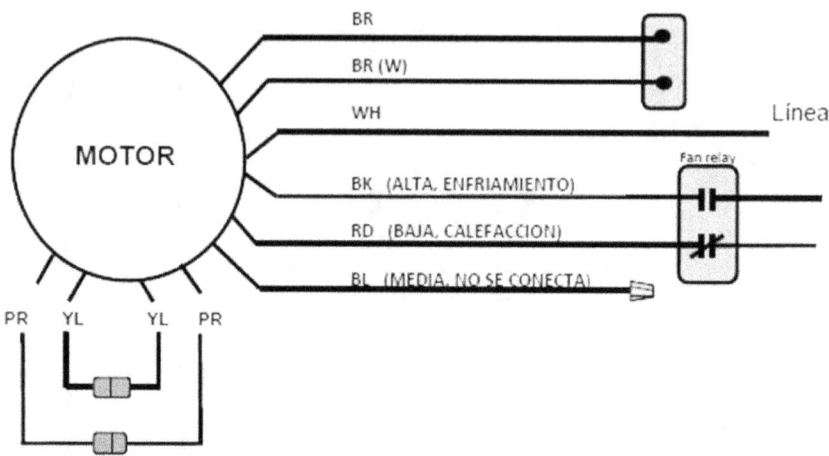

Cuando los cables están conectados como se muestra en la figura (YL-YL), y (PR-PR), el ventilador rota en una dirección y cuando los cables se invierten (YL-PR), rota en dirección opuesta. No todos los motores poseen esta característica constructiva.

Este tipo de motor, permite que técnico invierta el sentido de giro del motor, si el mismo no está rotando en el sentido requerido.

Algunos motores rotan en una sola dirección, a favor de las manecillas del reloj (CW) o en contra de las manecillas del reloj (CCW). Cuando en la chapilla de datos del motor aparece este símbolo, ⬌ eso significa que rota en ambas direcciones.

Motores ECM.

Los motores ECM (Electronically Commutated Motor) son conocidos también como motor de velocidad variable. En cierto sentido, este plantamiento es cierto ya que el motor realmente varia sus rpm, pero sólo en respuesta a los cambios de condiciones del sistema.

En realidad, este tipo de motor trata de mantrener el volumen de aire (CFM) que desplaza por los conductos.

El ECM es un motor de Corriente Directa **(DC),** el cual funciona usando un inversor y un rotor magnético. Como resultado de esto, este motor es capaz de lograr mayor eficiencia en la distribución del volumen de aire através del sistema de conductos de distribución del aire acondicionado, cuando es comparado con los motores que trabajan con Corriente Alterna.

A pesar de que se usa Corriente Alterna (AC) en el motor ECM, el rectificador interno del mismo, convierte el voltaje de corriente Alterna (AC) en voltaje de Corriente Directa (DC).

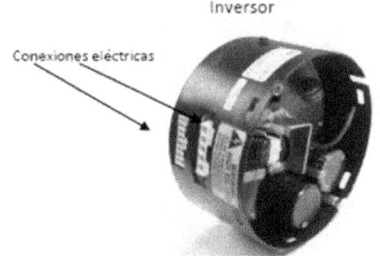

Inversor

Conexiones eléctricas

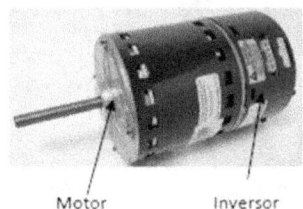

Motor   Inversor

La instalación de este tipo de motor es muy fácil ya que las conexiones eléctricas del mismo, son a través de enchufes (plugs) desde la tarjeta electrónica.

Este motor no necesita ningún tipo de capacitor para su funcionamiento

El motor ECM en los inicios de su uso, era usado solamente como impulsor del blower. En la actualidad, algunos fabricantes los están usando como motor impulsor de ventilador del condensador.

Capacitores

NOTAS.

CAPACITORES.

El capacitor es el dispositivo eléctrico usado en el funcionamiento de los motores eléctricos con el objetivo de mantenerlos funcionando. Algunos capacitores son usados con el fin de arrancar motor eléctrico o mantenerlo funcionando. El capacitor, se puede decir, que se comporta como una batería, ya que el mismo almacena una carga eléctrica, la cual descargará en el momento necesario.

El capacitor, por lo general, está formado por dos láminas metálicas las cuales están separadas y aisladas por un material dialéctico (no conduce electricidad). En estas dos placas metálicas es donde se almacena la electricidad (electrones) que posteriormente es descargada.

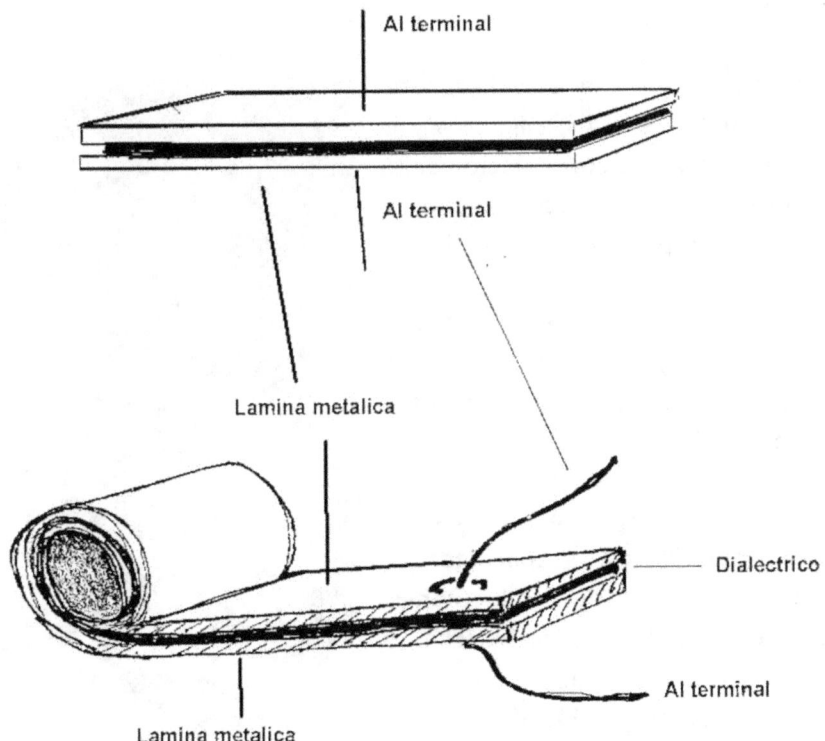

Debido a las características constructivas del capacitor, entre una placa metálica y la otra no existe contacto o sea, que en los mismos no puede existir continuidad.

Existen dos tipos fundamentales de capacitores usados en aire acondicionado y refrigeración:

- ▶ Capacitor de Arranque
- ▶ Capacitor de Marcha.

El Capacitor de Arranque, como su nombre lo indica, está diseñado para funcionar solamente durante el arranque del motor y por fracciones de segundo. Una vez que el motor arranca, el capacitor tiene que ser sacado del circuito ya que si el mismo no es sacado del circuito, se quema.

El Capacitor de Arranque por lo general es construido de forma cilíndrica y el material usado en la construcción de su cuerpo es plástico negro o baquelita. Este tipo de capacitor es electrolítico.

El Capacitor de Arranque se conoce por su cuerpo, ya que por lo general el mismo es construido de plástico negro y de forma cilíndrica.

El Capacitor de Arranque es de mayor capacitancia (capacidad de almacenamiento de electrones, corriente) que el capacitor Marcha. La capacitancia del capacitor se expresa en Microfaradios (**MFD**, µf)

En los capacitores de Arranque que son usados en combinación con el Relay de Potencial, entre sus terminales va soldada una resistencia. Esta resistencia tiene como función proteger la bobina del Relay de Potencial para que la misma no se queme. Si el capacitor se queda cargado, la próxima vez que el motor trata de arrancar, la descarga de corriente del capacitor es tan elevada que puede quemar la bobina del Relay.

Algunos de los dispositivos usados para sacar al capacitor de Arranque del circuito son los siguientes:

- Relay de Corriente
- Relay de Potencial
- PTC (Termistor)
- Interruptor

En los esquemas que aparecen en las páginas 11, 12, 13 y 14 se han mostrado las conexiones eléctricas del capacitor de Arranque con el Relay de Potencial. Esta es la conexión más común en los condensadores de los equipos de aire acondicionado.

CAPACITOR DE MARCHA.

A diferencia del Capacitor de Arranque, el Capacitor de Marcha no tiene que salir del circuito. De hecho tiene que permanecer en el mismo, ya que de lo contrario, el motor se detiene. Su nombre indica que va a ser usado durante la marcha.

Todos los motores eléctricos del tipo **PSC**, (Motor con Capacitor Permanente Dividido) necesitan un capacitor de marcha para permanecer funcionando después del arranque.

En la mayoría de los sistemas de aire acondicionado residencial, hasta cinco toneladas, el motor que utiliza el ventilador del condensador y el Blower, es el tipo PSC (Permanent Split Capacitor). En la figura de la página 15 se puede ver la conexión del motor del ventilador del condensador.

El cuerpo del capacitor de marcha por lo general es fabricado de metal, aunque en ocasiones es fabricado de plástico gris. Este capacitor siempre tendrá menor capacitancia que el de arranque.

Capacitor de Marcha

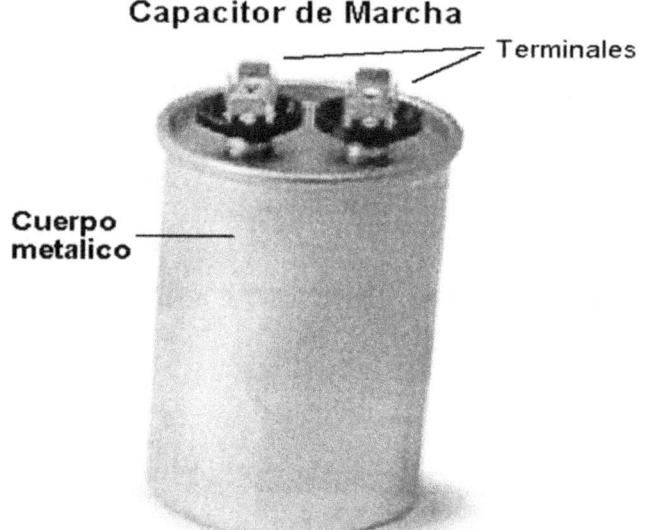

Capacitor de Marcha de cuerpo cilíndrico

Capacitores de Marcha (Run Capacitor)

En los compresores que utilizan el motor eléctrico PSC (Capacitor Permanente Dividido) como motor impulsor, solo es utilizado un capacitor de Marcha.

En toda unidad de condensación, que utiliza este compresor, el motor del ventilador también estará provisto de un capacitor de Marcha. Estos dos capacitores individuales pueden ser sustituidos por un sólo capacitor doble (Dual).

El capacitor dual no es más que la unión del capacitor de Marcha del ventilador del condensador con el capacitor de Marcha del compresor, en un solo cuerpo.

CAPACITOR DUAL. TIENE TRES TERMINALES

Los terminales de este capacitor están claramente identificados para no cometer errores al instalarlo.

En la siguiente figura, se pueden observar cómo están identificados los terminales de este tipo de capacitor

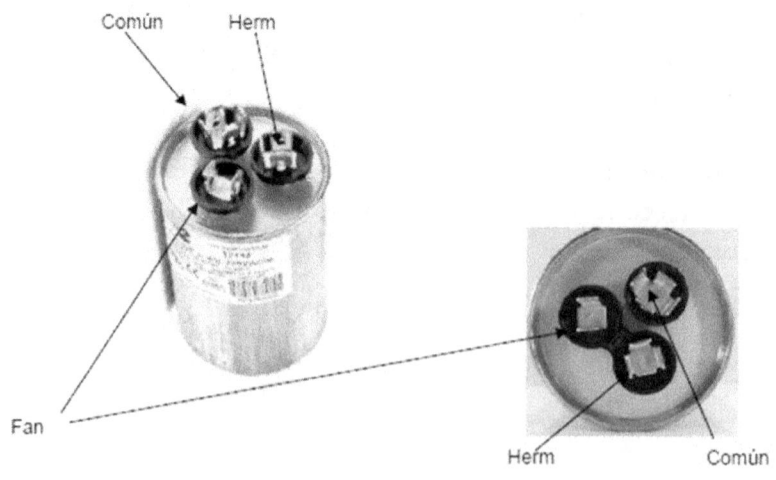

En caso de que la identificación de los terminales no sea posible, fíjese en los terminales del capacitor. Regularmente, de acuerdo a las conexiones de cada terminal, podemos identificar cada uno de ellos. Si el terminal tiene dos conexiones, ese es el Fan, si el terminal tiene capacidad para tres conexiones, ese terminal es el HERM y si en el terminal existen cuatro posible conexiones, ese terminal es el Común. Fíjese en la figura anterior.

En el siguiente esquema se puede observar como este capacitor es conectado al compresor y al motor del ventilador del condensador.

Las conexiones del ventilador siempre tienen que ser conectadas a los terminales correspondientes ya que la capacitancia para el ventilador es la menor.

Si se conectara el motor del ventilador al capacitor del compresor, se corre el riesgo de que el motor del ventilador, se pueda quemar. Esto se debe a que la capacitancia del capacitor del compresor, es mucho mayor que la del motor del ventilador.

Si la capacitancia usada es incorrecta, esto causará que exista un campo magnetico irregular alrededor del rotor. Esta irregularidad causará que el rotor reduzca su velocidad de rotación, especialmente bajo condiciones de carga.

Conexión del Capacitor Dual

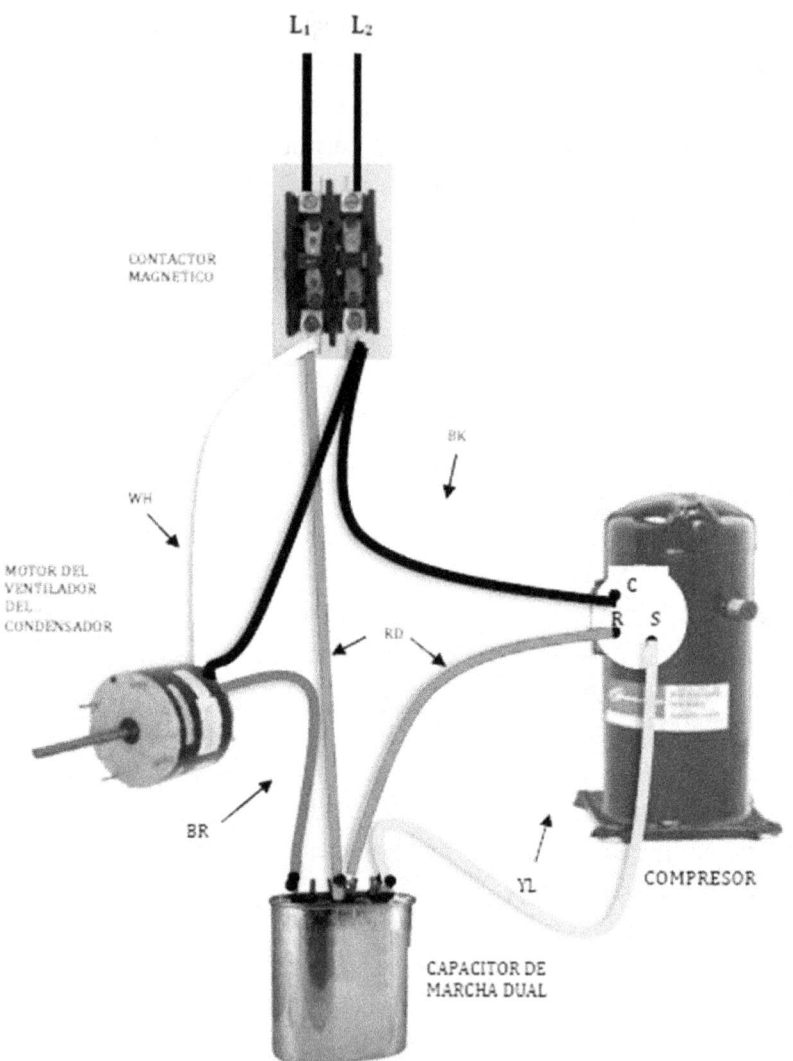

El capacitor usado en el motor del ventilador, puede ser de **4, 5, 7.5** ó **10 MFD (µf)** y el usado en el compresor va desde **35** hasta **55 MFD (µf), aunque, en algunos casos puede ser superior.** Esto significa que no todos los compresores y motores del ventilador utilizan el mismo capacitor. Asegúrese de usar el capacitor de la capacitancia correspondiente.

Como verificar los capacitores

VERIFICACIÓN DE LOS CAPACITORES.

- **Capacitor de Arranque**

En ocasiones, se hace necesario comprobar si el capacitor conectado a un motor o compresor tiene la capacitancia que indica. Cuando esto ocurre, es necesario medir su capacitancia o capacidad. Usualmente, para medir la capacitancia de cualquier capacitor, es usado el multímetro. En la pantalla del multímetro, es indicada la el valor de la capacitancia en indicando microfaradios. Cuando el valor de la capacitancia mostrada en el capacitor, está por debajo del porciento indicado en el mismo, el capacitor debe ser remplazado.

El multímetro análogo también puede ser usado para comprobar si un capacitor está bueno. Si el multímetro no especifica que puede medir capacitancia, lo más que podremos saber, es si el capacitor está bueno pero no el valor de su capacitancia.

Para comprobar si un capacitor sirve, usando un multímetro se coloca la escala en capacitancia y se procede a medir la misma.

1. Asegúrese que el capacitor está descargado
2. Coloque el selector de escalas, en la escala de capacitancia (µf) en el multímetro. Con las agujas del multímetro, toque los terminales del capacitor. Si el capacitor está en buen estado, el multímetro indicará su valor. Tenga en cuenta que todos los capacitores tienen un más/menos (±) porcentaje de tolerancia.
3. Si el valor obtenido se encuentra dentro de los rangos de tolerancia, el capacitor esta bueno. Si no es asi, entonces debe cambiarse por uno nuevo

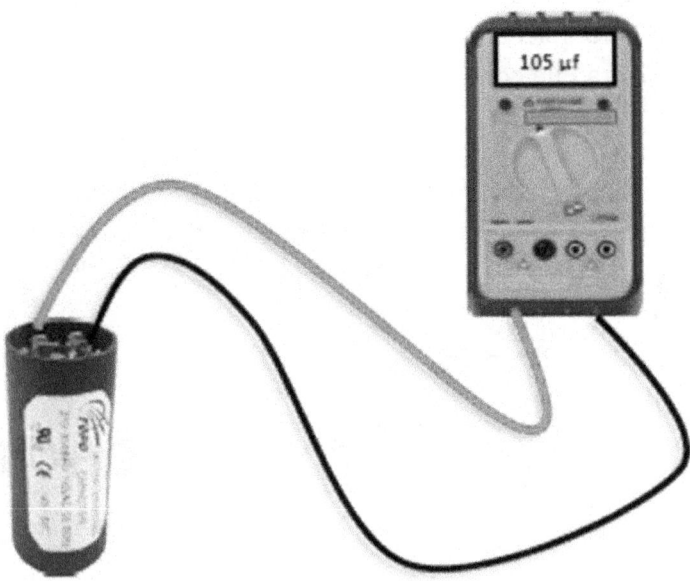

El capacitor de Marcha es usado en los motores eléctricos conocidos como Permanent Split Capacitor (PSC) o sea que es un Capacitor que permanece constantemente en el circuito.

A diferencia del capacitor de Arranque, el capacitor de Marcha está construido para trabajar continuamente mientras se encuentra instalado en el circuito eléctrico. Este capacitor generalmente utiliza aceite en su recipiente para disipar calor. El cuerpo del capacitor puede ser construido de metal o plástico gris.

Algunos capacitores de Marcha tienen un Terminal identificado para que la conexión al motor sea la correcta. En el caso del capacitor usado en un compresor de aire acondicionado, el Terminal identificado debe ser conectado a la misma línea donde va conectado el Terminal **R** (marcha) del compresor.

Cuando se usa un capacitor de Marcha Dual, el Terminal identificado será el Común del capacitor y este Terminal irá conectado a la misma línea que se conecta el Terminal de Marcha del compresor o sea a la **R**. Cuando se quiere saber si un capacitor sirve, procedemos de la misma manera que con el capacitor de arranque.

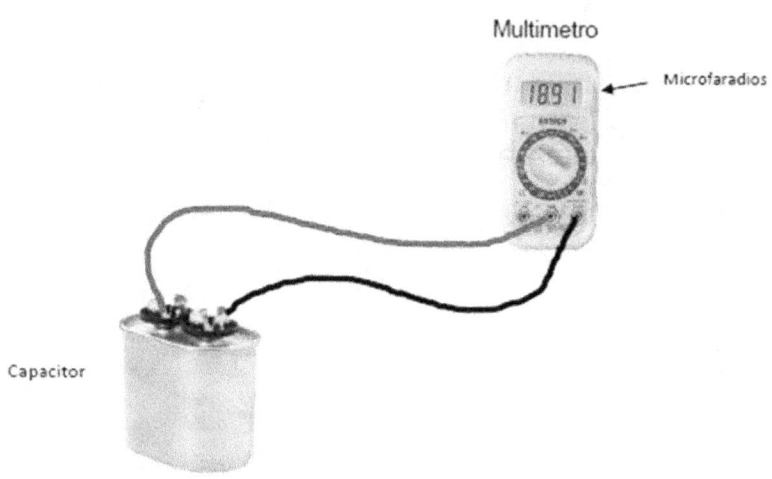

NOTA:

Si usted se encuentra con un capacitor de Marcha en el cual uno de sus terminales tiene un punto rojo o alguna otra marca especial, ese terminal está identificado con un propósito. El Terminal identificado del capacitor, **_SIEMPRE_** debe ir conectado a la línea de alimentación (voltaje)

Cuando un motor eléctrico no arranca a pesar de que le llega suministro eléctrico, probablemente el capacitor se arruinó. A veces con una simple inspección visual, nos podemos dar cuenta si el capacitor es el causante del problema. Si el capacitor esta abultado, esto quiere decir que el mismo está deteriorado y debe ser cambiado por uno nuevo.

Cuando se ha determinado que el causante de que el motor del condensador o del Blower no arranque es el capacitor, probablemente sea necesario remplazar tanto el capacitor como el motor.

Frecuentemente, cuando el capacitor del motor se estropea, es posible que los enrollados del motor, también fueron afectados. Recuerde que el capacitor está directamente conectado con el motor y cualquier incremento de la corriente a través del mismo, también va a circular por el motor. En ocasiones algunos técnicos optan por remplazar al capacitor solamente; esto es un error. Cuando se remplaza un capacitor porque el motor no arranca y todo parece indicar que hubo una elevada corriente, usted tiene que medir la corriente o amperaje que consume el motor con el capacitor nuevo. Si el amperaje medido es mayor del indicado en la chapilla del motor, el motor tiene que ser remplazado ya que en el mismo existe un corto circuito. No importa si el amperaje es un ampere, el motor no sirve. Muchos de los técnicos no están acostumbrados a medir el amperaje que consume el motor cuando se cambia el capacitor.

También es importante no utilizar un capacitor con mayor capacitancia que la indicada por el fabricante del motor. Existe una razón por la cual el fabricante tuvo la prudencia de reflejar el amperaje máximo de trabajo del motor. Si usted se fija en la chapilla de cualquier motor existen las siglas FLA, (Full Load Amperage) que es el máximo amperaje que debe consumir el motor a plena carga.

El Terminal "*S*" del compresor tiene que ser conectado al Terminal **no identificado** del capacitor. o al **HERM** del capacitor dual. **NUNCA** conecte el Terminal **S** a la Línea, este terminal (**S**), **SIEMPRE** va conectado al Terminal no identificado del capacitor. Si el capacitor usado es doble (Dual) entonces el terminal S, del compresor se conecta al HERM.

Nuevo tipo de Capacitor

Otro tipo de capacitor que se está vendiendo actualmente, permite realizar varias combinaciones de microfaradios con un solo capacitor.

El capacitor que se ve a continuación es usado en la unidad de condensación para el compresor y el ventilador del condensador.

A pesar de que este capacitor cuesta más que el que normalmente es usado, es recomendable tener uno a mano ya que en ocasiones necesitamos resolver un problema y no tenemos el capacitor que se necesita. En este caso, el capacitor nos permitirá resolver la situación y permitir que el equipo de aire acondicionado se mantenga funcionado.

Lógicamente, al siguiente día usted debe regresar con el capacitor apropiado y retirar el que uso para resolver el problema. Esto lo hace en caso de que el cliente no esté dispuesto a pagar por el precio del capacitor

Las conexiones eléctricas de este capacitor son relativamente fáciles de realizar y las mismas se pueden ver en el cuerpo del capacitor.

Este capacitor viene provisto de cables de diferentes colores para que no cometa errores al conectarlo.

Como se puede ver en figura que se muestra, para el compresor se usa una capacitancia de 45 μf y para el ventilador se usan 7.5 μf. Si se necesitaran 30 ó 35μf se cambian los cables para obtener dichas capacitancias.

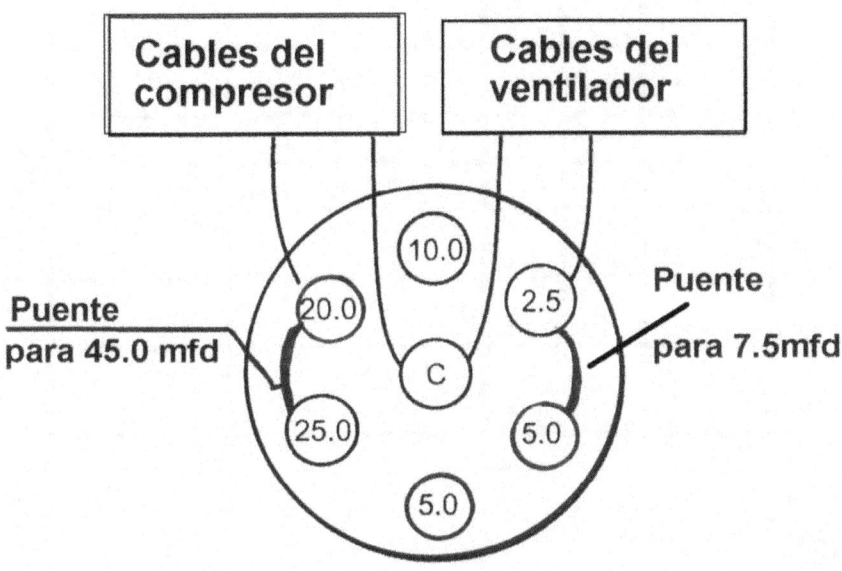

A continuación se pueden ver algunas delas diferentes combinaciones de microfaradios que se pueden obtener para el ventilador del condensador.

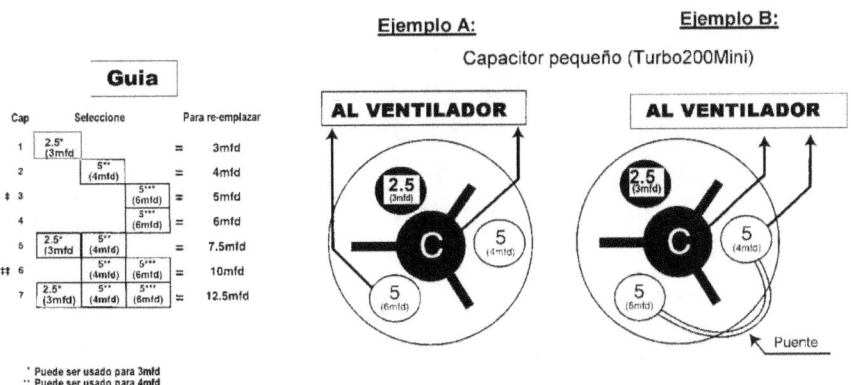

Capacitor	Seleccionar			Para remplazar
1	2.5* 3.5 (mfd)			3 mfd
2		5** 4 (mfd)		4 mfd
3*			5*** 6 (mfd)	5 mfd
4			5*** 6 (mfd)	6 mfd
5	2.5* 3 (mfd)	5** 4 (mfd)		7.5 mfd
6**		5** 4 (mfd)	5*** 6 (mfd)	10 mfd
7	2.5* 3 (mfd)	5** 4 (mfd)	5*** 6 (mfd)	12..5 mfd

*Puede ser usado para 3 mfd
**Puede ser usado para 4 mfd
***Puede ser usado para 6 mfd

Métodos usados en el arranque del compresor

METODOS USADOS PARA EL ARRANQUE DEL COMPRESOR.

Los compresores usados, tanto en aire acondicionado, así como en refrigeración, pueden ser puestos en funcionamiento, usando diferentes métodos de arranque. Un compresor puede ponerse a funcionar directamente o mediante el uso de diferentes componentes eléctricos los cuales facilitan y aseguran su arranque.

Un compresor, en dependencia de las características del motor eléctrico impulsor, puede ponerse en funcionamiento mediante el uso de cualquiera de los siguientes métodos:

- ☼ arranque directo
- ☼ arranque con capacitores
- ☼ arranque con un dispositivo de ayuda para el arranque (Start Assistant Device, SAD)

ARRANQUE DIRECTO DEL COMPRESOR.

El arranque directo, es usado mayormente en los compresores que trabajan con 115 volts. Estos son los compresores más usados principalmente en aire acondicionado de ventana, refrigeradores comerciales y domésticos

Un compresor puede arrancarse directamente en _un banco de pruebas del taller_, por pequeños intervalos de tiempo. En el diagrama que aparece a continuación, se muestra una forma en que las líneas de alimentación (eléctrica) deben ser colocadas en el compresor.

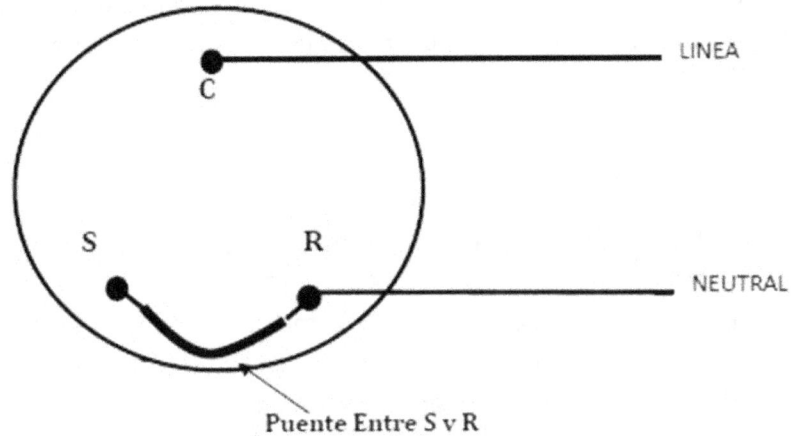

LINEA

NEUTRAL

Puente Entre S y R

Una de las línea se alimentación es conectada al Común (**C**) del compresor y la otra a la Marcha (**R**).

Una vez que se energizan las líneas, con electricidad y por fracción de segundo, con un cable se hace un puente entre **S** y **R**. Si el compresor no tiene problemas eléctricos, debe arrancar y mantenerse funcionando. Una vez que el compresor arranca, rápidamente desconecte el puente entre **S** y **R** para evitar que se quemen los enrollados el motor.

El hecho que un compresor arranque, esto no significa necesariamente que el compresor no está dañado. Quizás el motor eléctricamente no tiene problemas y pueda arrancar, sin embargo una vez que arranca, no es capaz de comprimir el vapor refrigerante que succiona del evaporador. Si las válvulas del compresor están dañadas, el mismo no será capaz de comprimir y mantener la diferencia de presión necesaria entre el Lado de Alta y el Lado de Baja.

De cualquier manera, si el compresor arranca pero no es capaz de comprimir, el mismo debe ser remplazado por otro. Recuerde que no es práctico tratar de reparar un compresor hermético, aunque esto sea una práctica común en otros países latinoamericanos. Aquí en Estados Unidos, no tiene sentido tratar de reparar un compresor cuando existe la posibilidad de remplazarlo por uno nuevo. Tiene mejor garantía un compresor nuevo que un compresor reparado.

ARRANQUE CON CAPACITORES.

En la mayoría de los sistemas de refrigeración y aire acondicionado, durante el periodo de parada, siempre va a existir una elevada presión en el lado de alta. En algunos casos, esto se debe a que el dispositivo de expansión utilizado es una válvula. En algunos equipos de aire acondicionado, Cuando estamos presentes ante un sistema que utiliza válvula de expansión, en ocasiones cuando el compresor se detiene, la válvula de expansión se cierra y no permite el flujo de refrigerante al evaporador. Cuando el compresor trata de arrancar, la presión en el lado de alta es tan elevada que no es posible que el compresor arranque con un capacitor de marcha

Solamente. Cada vez que un equipo de aire acondicionado utilice una válvula de expansión termostática, es necesario el uso de un Capacitor de Arranque para lograr arrancar compresor.

En la actualidad se están fabricando válvulas de expansión termostática, las cuales permiten que las presiones de ambos lados se igualen. Este tipo de diseño de válvula, como no mantiene la presión alta durante los periodos de parada, no es necesario el uso de un capacitor de arranque. Cuando esté trabajando en un sistema en el cual el dispositivo de expansión es una válvula de expansión, identifique que tipo de válvula se está usando.

Cada vez que es usado un Capacitor de Arranque en el circuito eléctrico del compresor, es necesario que el mismo salga del circuito una vez que el compresor arranca. Esto quiere decir que debe ser usado algún dispositivo eléctrico que interrumpa el paso de la corriente al capacitor.

La razón por la cual el Capacitor de Arranque tiene que salir del circuito, es porque este capacitor está diseñado para energizarse por fracciones de segundo. Si permite que por el capacitor continúe pasando corriente, el mismo se quema.

Componentes del circuito de arranque del compresor con capacitor de Arranque.

Cuando el motor eléctrico que impulsa al compresor, alcanza el 75% de su velocidad, el Capacitor de Arranque, es desconectado del circuito. Un dispositivo comúnmente usado en equipos de aire acondicionado y refrigeración, para sacar al capacitor de Arranque del circuito, es el Relay de Potencial.

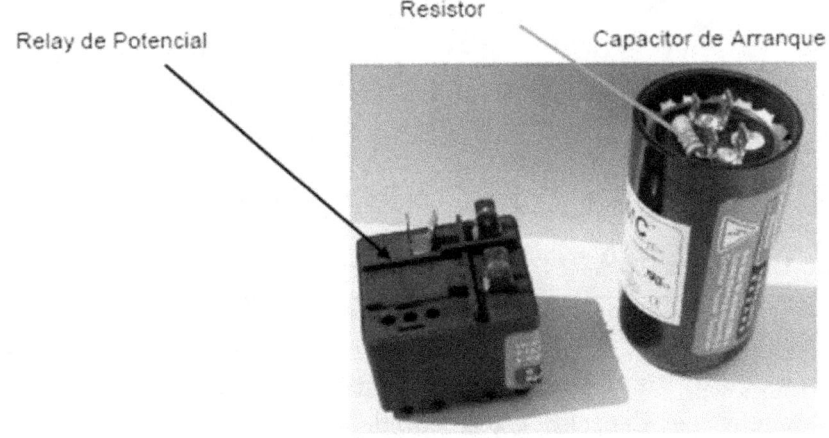

Relay de Potencial   Resistor   Capacitor de Arranque

En el esquema que aparece a continuación, se muestran las conexiones eléctricas del Capacitor de Arranque, el Relay de Potencial y un motor eléctrico del compresor.

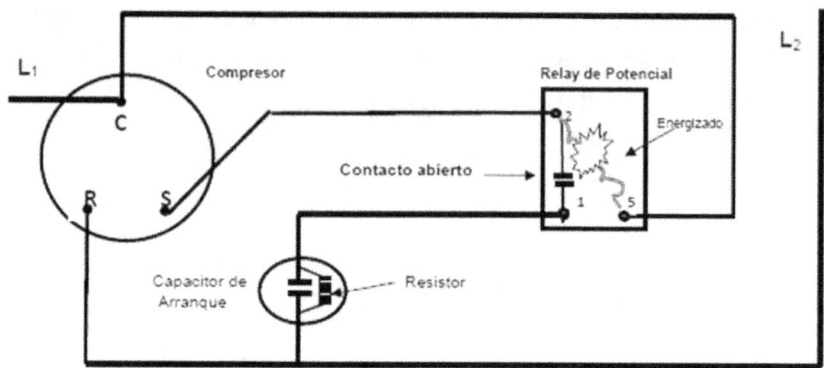

Cuando la bobina del Relay de Potencial se energiza,
los contactos 1 y 2 se abren y el capacitor es sacado del circuito

Generalmente en el arranque de un compresor del aire acondicionado, no solamente se utiliza un capacitor de Arranque. Habitualmente, cuando en el circuito eléctrico de un compresor se usa el capacitor de Arranque, también es necesita usado un capacitor de Marcha.

ARRANQUE CON CAPACITOR DE MARCHA.

La mayoría de los motores usados para impulsar los compresores y ventiladores usados en aire acondicionado, son del tipo PSC (Permanent Split Capacitor). Este tipo de motor necesita un capacitor permanentemente en su circuito eléctrico durante su funcionamiento.

El motor PSC (Permanent Split Capacitor) se identifica ya que el mismo siempre está conectado al capacitor de Marcha permanentemente.

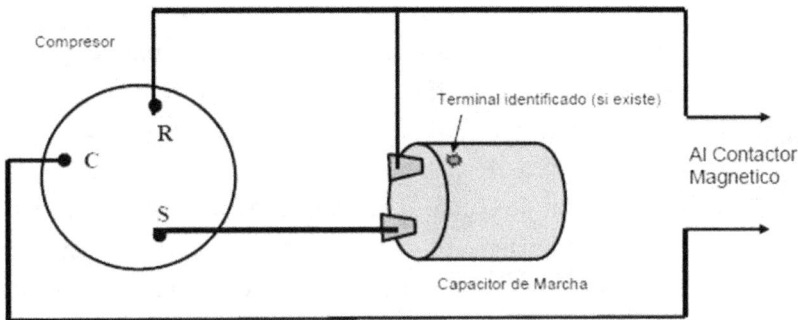

A este capacitor se le llama Split (dividido), ya que el mismo contribuye al arranque del compresor, pero su función principal, es la de mantener al motor funcionado durante la marcha. Esto quiere decir que a través de este capacitor, continuará circulando corriente eléctrica hasta que el compresor se detenga. Esto también es cierto para el motor del Blower y del condensador.

Aun cuando el motor eléctrico deja de funcionar, en el capacitor aún existe almacenada una carga eléctrica. Evite tocar los terminales del capacitor para no sufrir una descarga eléctrica.

En ciertas ocasiones, el capacitor de marcha no es suficiente para poner en funcionamiento al compresor y mantenerlo funcionando.

En estos casos, por lo general, es usado un Capacitor de Arranque y el mismo requiere el uso de un Relay de Potencial. En otras ocasiones es usado un dispositivo auxiliar, el cual agregará la fuerza necesaria para que el compresor arranque sin necesidad de usar un Relay de Potencial.

Este dispositivo es conocido como Hard Start Device, (dispositivo de fuerza para el arranque). El Hard Start Device no es más que un capacitor de arranque con un PTC. El PTC (Positive Temperature Coefficient) es el encargado de sacar al capacitor de arranque del circuito para evitar que el mismo se queme.

Este dispositivo es conectado directamente, en paralelo, con el capacitor de marcha. Su conexión es muy sencilla ya que no se requiere el uso de un Relay de Potencial.

En algunos casos, en los cuales el compresor no arranca con el capacitor de marcha solamente, es necesario el uso, de un Hard Start Device o Booster, el cual no es más que un capacitor de arranque y un PTC. La función del PTC es la de conseguir que por el capacitor de arranque no continúe circulando corriente, despues que el compresor arranca. Cuando se le añade un Booster o jumper, lo único que se está haciendo es agregándole un capacitor de arranque al circuito para que ayude al compresor en el arranque.

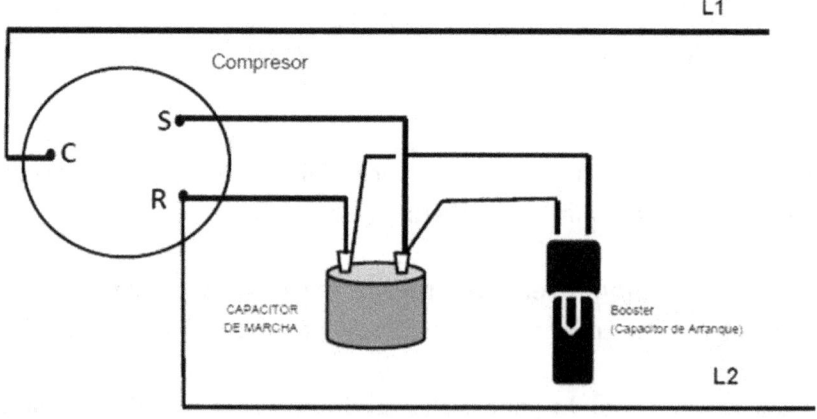

ARRANQUE CON CAPACITOR DE ARRANQUE Y DE MARCHA.

En los equipos de aire acondicionado que utilizan la válvula de expansión termostática, como control del flujo de refrigerante, el motor eléctrico impulsor usado, es el Capacitor Start-Capacitor Run. (CSCR). Este tipo de motor está diseñado para utilizar dos capacitores; de Arranque y de Marcha.

En estos equipos de aire acondicionado, es necesario utilizar un capacitor de Arranque y un capacitor de Marcha, ya que el motor eléctrico impulsor necesita un elevado par de arranque.

Una vez que el compresor arranca, el capacitor de arranque tiene que ser sacado del circuito, porque de lo contrario, se quema.

En algunos sistemas de aire acondicionado, que utilizan tubo capilar o Pistón de Orificio, el motor eléctrico usado es el Permanent Split Capacitor (PSC). Este motor es el que emplea un capacitor de Marcha permanente en el circuito. Este capacitor no sale del circuito. Esto quiere decir que a través del enrollado de arranque, siempre circulará una corriente muy pequeña, debido a la resistencia (ohm) que este enrollado posee.

En la figura que aparece a continuación, puede verse el circuito eléctrico de un compresor que utiliza Capacitor de Arranque y Capacitor de Marcha (CSCR). El dispositivo eléctrico encargado de sacar al Capacitor de Arranque del circuito es el Relay de Potencial. El Relay de Potencial tiene una bobina y un contacto Normalmente Cerrado (N.C). Cuando por la bobina circula electricidad, en la misma se creará un campo electromagnético (electro-imán), que hará que el contacto del Relay, se abra y deje de circular corriente a través de dicho contacto hacia el Capacitor de Arranque. De esta forma, el capacitor de arranque es sacado del circuito. Fíjese que el Enrollado de Arranque permanece en el circuito, debido a que el Capacitor de Marcha tiene uno de sus terminales conectado a él.

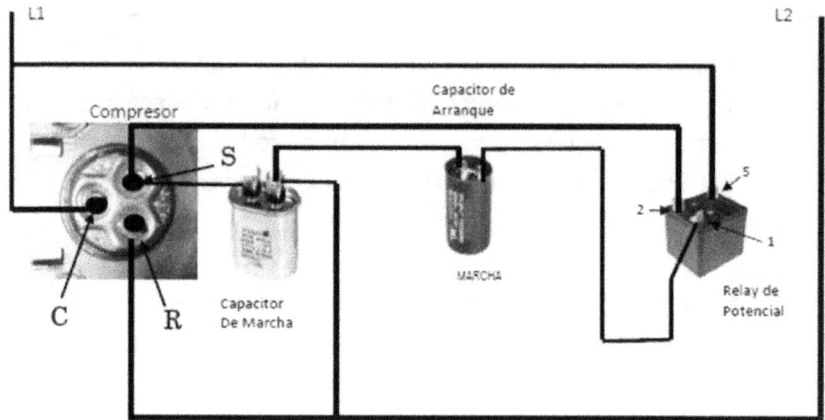

<u>Nota</u>. **Recuerde que el Capacitor de Arranque va conectado en serie, con el Relay de Potencial en el terminal 1. Cuando se usa Relay de Potencial, no se usa Relay de Corriente.**

En el esquema que aparece a continuación, se muestran las conexiones eléctricas del compresor y los diferentes dispositivos usados en su arranque y funcionamiento. Además también se muestra, al ventilador del condensador conectado en el circuito.

El diagrama que se muestra, es conocido como 'esquemático" ("schematic"). El de la página anterior es conocido como diagrama "ilustrado" ("pictorial")

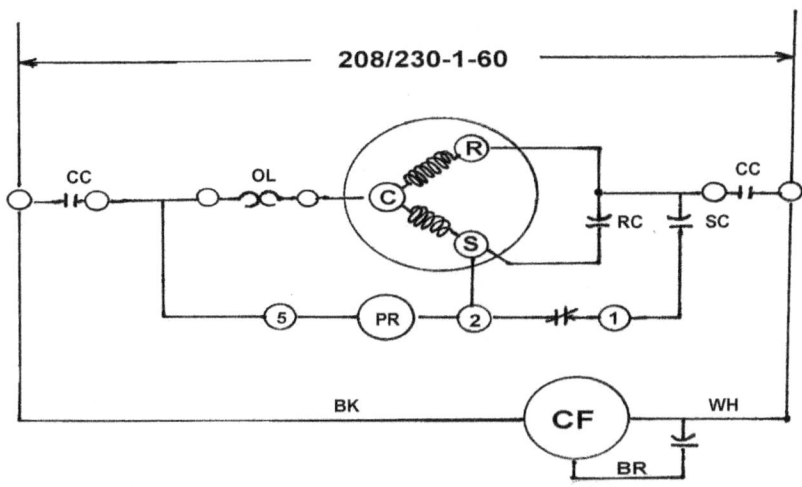

LEYENDA.

CC	Contactor Magnético	OL	Protector de Sobrecarga
PR	Relay de Potencial	CF	Ventilador del Condensador
RC	Capacitor de Marcha	SC	Capacitor de Arranque
BK	Black (Negro)	WH	White (Blanco)
BR	Brown (Café)		

CC – Contactor' Contact   OL – Overload Protector
PR – Potencial Relay   CF – Condenser Fan
RC – Run Capacitor   SC – Start Capacitor

Controles Usados en Sistemas de Aire Acondicionado

NOTAS.

CONTROLES USADOS EN LOS EQUIPOS DE AIRE ACONDICIONADO.

RELAYS.

Un Relay es un dispositivo eléctrico o electrónico de control, el cual opera con una señal eléctrica, controlando el funcionamiento de diferentes componentes eléctricos como motores, ventiladores y compresores, los cuales se pueden encontrar en el mismo circuito o en otros circuitos.

Existen dos tipos de Relay usados en los sistemas de aire acondicionado y refrigeración como dispositivos para sacan al capacitor de arranque del circuito una vez que el compresor ha arrancado. Otro dispositivo eléctrico usado para sacar al capacitor de arranque y en ocasiones al enrollado de arranque del circuito, es el PTC el cual no es más que un termistor que opera de acuerdo con un aumento o disminución de temperatura. Cuando a través del PTC se mueve un flujo de electrones, su temperatura y resistencia aumentan tanto que a través del mismo se detiene el flujo de electrones. Cuando esto ocurre, por el enrollado de arranque prácticamente no existe movimiento de electrones.

La diferencia que existe entre estos dos tipos de Relay, es que el electromagnético produce el cierre de los contactos inmediatamente, ya que al circular el voltaje por la bobina, se crea un electroimán que cierra los contactos. Estos contactos se mantienen cerrados hasta que deja de pasa corriente a través la bobina.

Entre los Relay electromagnéticos más comúnmente usados, encontramos los siguientes.

- ▶ **Relay de Corriente**
- ▶ **Relay de Potencial.**

El Relay de Corriente.

Es muy usado en motores de una fase y de fracciones de Caballos de Fuerza. Estos motores, son muy usados en compresores de refrigeradores domésticos, los cuales no necesitan un elevado torque de arranque. Cuando se necesita un mayor torque o par de arranque, pueden ser usados capacitores de arranque y/o marcha.

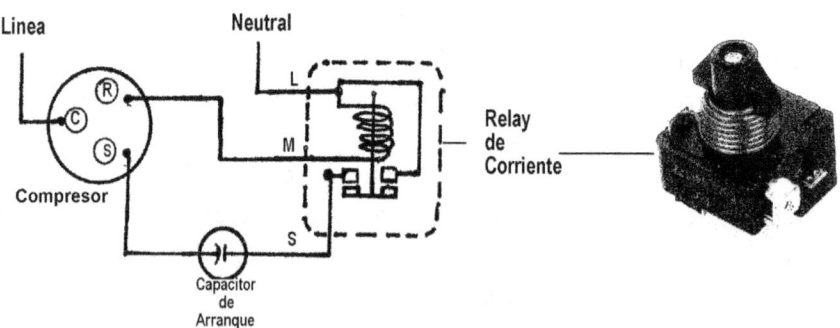

Este dispositivo está formado por un pequeño enrollado el cual posee un diámetro superior al del enrollado de Marcha del compresor. Este enrollado es de muy baja resistencia (1-ohm o menos) y debido a su diámetro, por el mismo puede pasar toda la corriente que circula por el compresor en el momento de arranque.

Como puede verse en la figura anterior, el enrollado del Relay está conectado en serie con el enrollado de Marcha del compresor. Los terminales de la bobina del Relay son **L** y **M.** El contacto necesario para el arranque debe ocurrir entre la **S Arranque)** y la **R (Run, Marcha)** del compresor.

Cuando el compresor es energizado, se pone en funcionamiento, la corriente que circula por el enrollado del Relay crea un electroimán que cierra los contactos circulando corriente por ambos enrollados (Arranque y Marcha) y el compresor arranca. Una vez que el compresor arranca, lo cual ocurre en fracciones de segundo, el campo magnético a través de la bobina del Relay disminuye considerablemente, lo cual hace que los contactos se abran nuevamente saliendo del circuito el enrollado y el capacitor de arranque.

El Relay de Corriente, cuando se usa en el arranque del compresor, solo puede será instalado en una sola posición, o sea entre los terminales S y R. En la siguiente figura se puede apreciar su instalación.

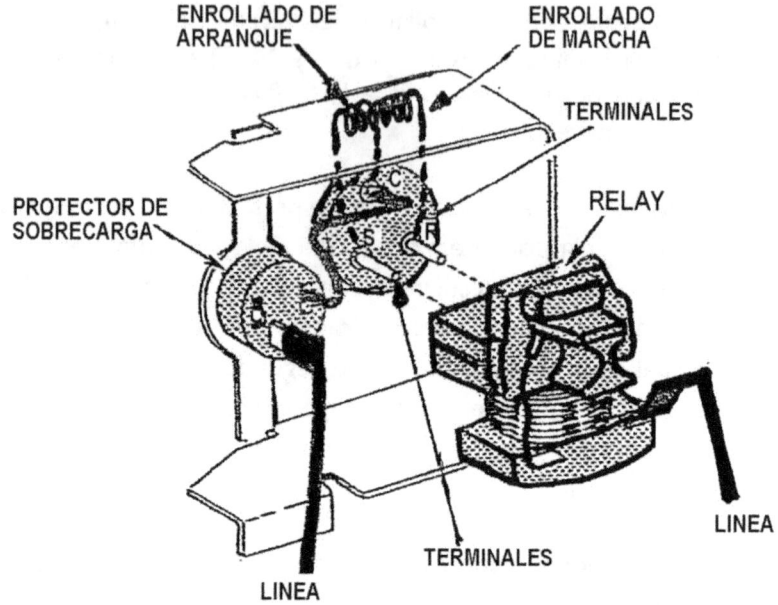

ENROLLADO DE ARRANQUE

ENROLLADO DE MARCHA

TERMINALES

RELAY

PROTECTOR DE SOBRECARGA

LINEA

TERMINALES

LINEA

RELAY DE POTENCIAL (VOLTAJE)

El Relay de Potencial, también conocido como Relay de Voltaje, es usado en los motores eléctricos de una fase, que utilizan un Capacitor de Arranque. Este Relay tiene como función, sacar al capacitor de arranque del circuito una vez que el motor alcanza el 75% de las rotaciones por minuto.

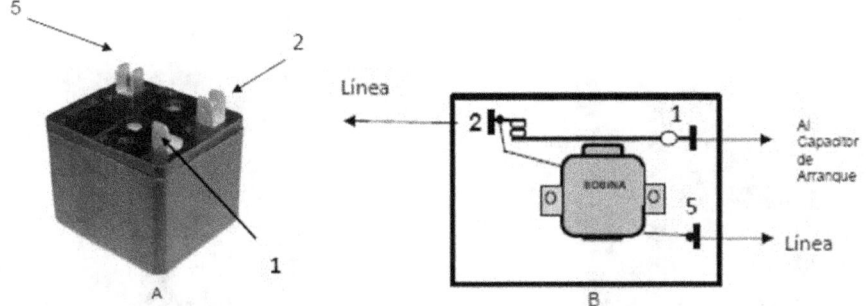

Este Relay consiste de un enrollado (bobina) que tiene una resistencia bastante elevada, debido al diámetro del alambre usado. Esta resistencia puede tener un valor de hasta 40,000-ohms, lo cual hace que la corriente (amperaje) a través de la misma sea muy baja.

También en este Relay, encontramos un par de contactos normalmente cerrados, los cuales se abren cuando la bobina es energizada. Cuando esto ocurre, el campo magnético creado por la bobina, hará que estos contactos se abran y se interrumpa el paso de la corriente eléctrica a través del Capacitor de Arranque y del enrollado de Arranque, si solamente se usa un capacitor de arranque.

Cuando se usan dos capacitores, uno de Arranque y otro de Marcha, por el enrollado de arranque continuará circulando corriente mientras que el compresor se mantenga funcionando.

El enrollado o bobina del Relay se encuentra entre los terminales **2-5** y los contactos, entre **1 - 2.** Ver figura anterior (B).

Contactos cerrados   Contactos abiertos

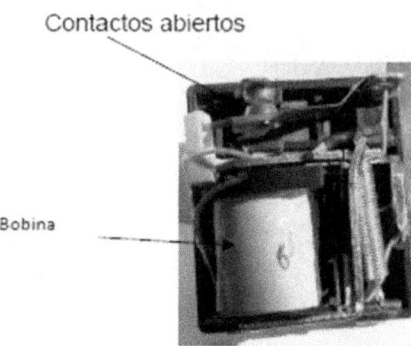

Bobina

El Capacitor de Arranque usado con el Relé de Potencial siempre tiene una resistencia conectada entre sus terminales. Esta resistencia es la encargada de descargar al capacitor una vez que el mismo es sacado del circuito.

La función principal de la resistencia, es la de proteger a la bobina del Relé de Potencial. Cuando los contactos del Relé se abren, a través del resistor instalado en el capacitor, continúa siendo consumida la carga eléctrica que aún queda en el capacitor. Si la carga que existe en el capacitor después que se desconecta, no es descargada, la próxima vez que el compresor se pone en funcionamiento, la carga eléctrica que permaneció en el capacitor, se sumará a la que pasa por el contactor magnético y pasará por la bobina del Relay. Si esto llegara a ocurrir, la bobina del Relé se quema.

El Relé de Potencial debe ser seleccionado adecuadamente para cada tipo de compresor. Este Relé no debe ser cambiado por otro cualquiera sin estar seguro de es el que le corresponde al compresor. La razón por la cual se hace esto, es porque el Relé de Potencial es fabricado con diferentes características y las mismas deben corresponder con las del compresor en el cual será usado. Antes de cambiar arbitrariamente un Relé, consulte el manual de servicio o con el fabricante del compresor para seleccionar el adecuado.

Dispositivos usados en el arranque de compresores

COEFICIENTE DE TEMPERATURA POSITIVA (PTC) O START ASSISTANT DEVICE.

Un Coeficiente de Temperatura Positiva, no es más que un termistor. Un termistor es el dispositivo eléctrico en el cual se produce un aumento de resistencia eléctrica a medida que aumenta su temperatura. De la misma manera que el **PTC** aumenta su resistencia, existe otro dispositivo en el cual su resistencia disminuye con un aumento de temperatura. Este dispositivo es conocido como Coeficiente de Temperatura Negativa (**NTC**). Este dispositivo es usado en otras aplicaciones que utilizan tarjetas electrónicas.

El PTC es utilizado en algunos sistemas de aire acondicionado para ayudar en el arranque del compresor.

Este**PTC,** es usado en sistemas de Aire Acondicionado con el propósito de incrementa el torque de arranque (par de arranque) del compresor y una vez que el compresor arranque, sacar al enrollado de arranque del circuito.

El **PTC** también es conocido como **Start Assistant Device (SAD)**, el cual es un dispositivo de cerámica sólido, que puede incrementar el torque de arranque del motor **PSC,** usado en un compresor, hasta 500%. Este dispositivo funciona como si fuera un capacitor de arranque para garantizar que el compresor arranque sin problema.

Cuando el compresor arranca, a través del **PTC** va a existir un flujo de corriente el cual causará que su temperatura se incremente considerablemente en fracciones de segundo. Este aumento de temperatura hará que la resistencia del **PTC** también aumente a un nivel tal que impedirá el paso de corriente eléctrica por el mismo.

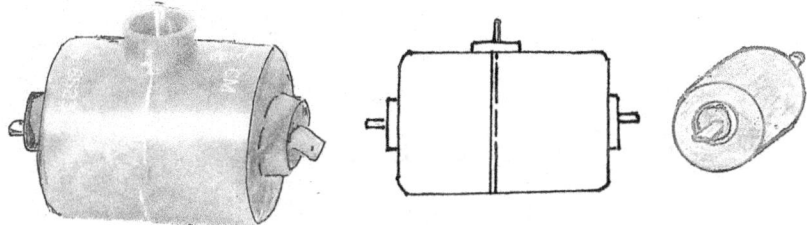

Coeficiente de Temperatura Positiva (PTC)

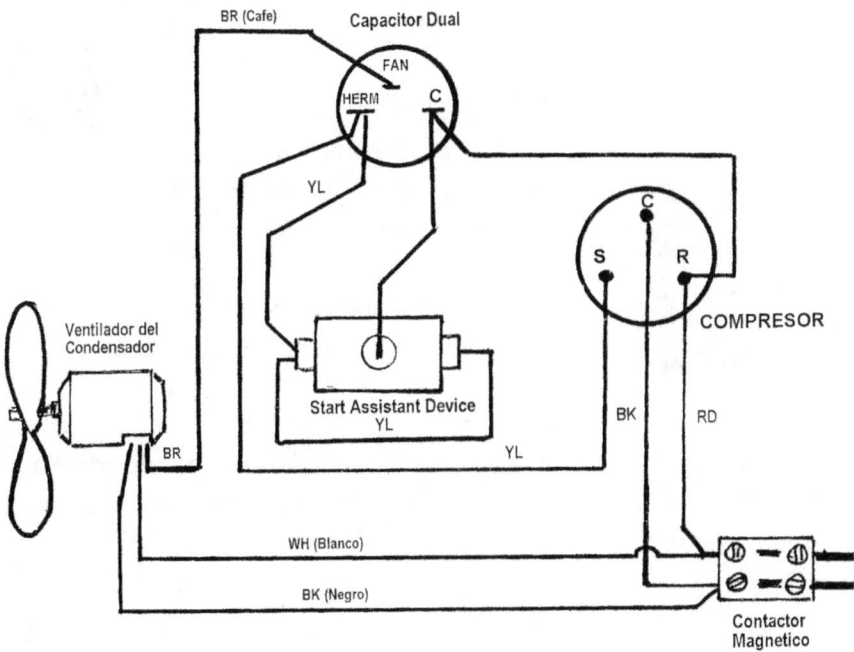

El PTC es muy usado en el arranque de los compresores de los refrigeradores domésticos. Cuando el compresor arranca, la corriente (amperaje) a través del PTC es tan elevada, que su resistencia aumenta tanto, que permite que a través del enrollado de arranque circule una corriente tan baja que prácticamente se hace cero. Esto permite que una mayor corriente circulando por el enrollado de marcha.

Uso del PTC en el arranque de compresores de refrigeradores.

El PTC mostrado en esta figura es usado en el arranque de los compresores de los refrigeradores.

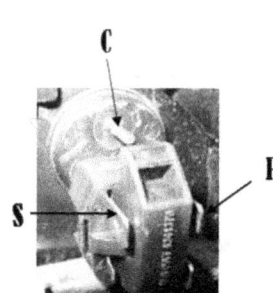

Su instalación a los terminales del compresor es la misma en todos los compresores de refrigeradores domésticos.

Siempre va instalado entre los terminales **S** y **R**, al igual que el Relay de Corriente.

Cuando los terminales **S** y **R** se encuentran en la parte superior del compresor, el PTC también puede ser usado, si se trata de usar el Relay de Corriente, el mismo no funcionaría correctamente.

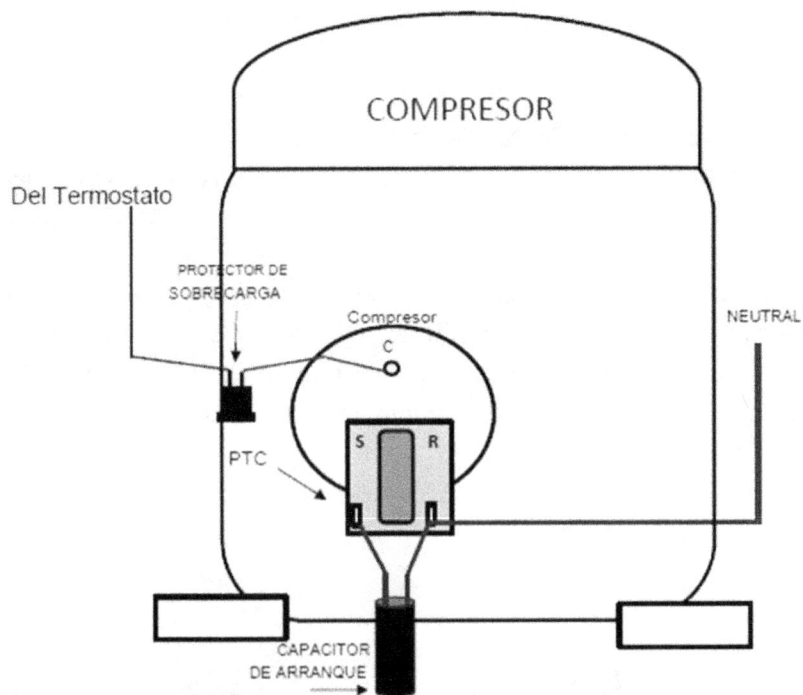

COMPRESOR

Del Termostato

PROTECTOR DE
SOBRECARGA

Compresor

C

NEUTRAL

PTC

S   R

CAPACITOR
DE ARRANQUE

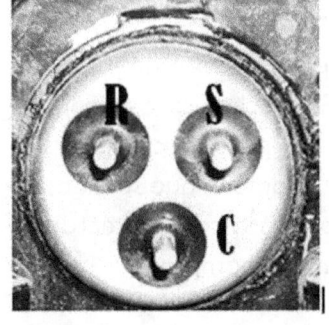

Cuando se usa el PTC no es necesario el uso del Relé de Corriente.

Si los terminales del compresor se encuentran de la forma en que aparece en la figura de la izquierda, puede ser usado el Relé que se muestra en la figura de la derecha.

Este conjunto de relé y protector de sobrecarga está diseñado para ser usado con el compresor mostrado en la figura de la izquierda.

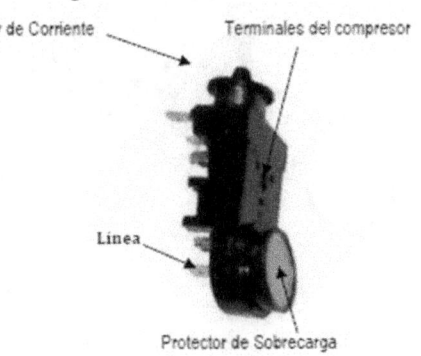

Relay de Corriente   Terminales del compresor

Linea

Protector de Sobrecarga

Este tipo de compresor es de fabricación brasileña conocido como Embraco.

El Relé mostrado en la figura de la derecha de la pagina anterior, puede ser instalado de forma invertida, o sea que la bobina del mismo queda hacia arriba.

No todos los motores, que impulsan a los compresores de los refrigeradores domésticos, utilizan capacitores en su arranque. El uso del capacitor va a depender del tipo de motor eléctrico usado. Si de la fábrica no vino con un capacitor instalado, no es necesario que le instale uno.

Módulo de Arranque

En caso de que sea necesario utilizar un capacitor trate de instalarle uno de la misma capacitancia del que trajo. En muchos casos se puede adquirir un módulo o pieza unitaria formada por un capacitor, el protector de sobrecarga y el PTC (termistor), como el que se muestra en la siguiente figura. Este dispositivo viene provisto con Protector de Sobrecarga, PTC y capacitor, todo en una unidad compacta.

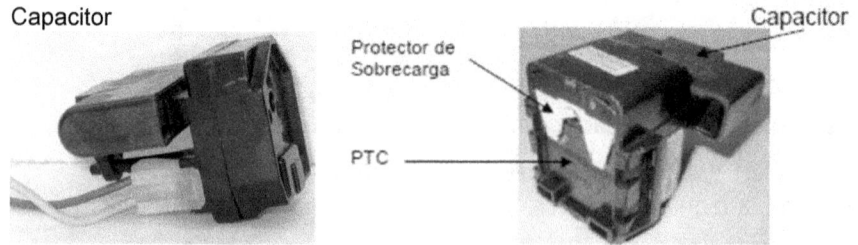

Capacitor

Protector de Sobrecarga

PTC

Capacitor

START ASSISTANT DEVICE.

El Start Assistant Device (**SAD**) es un dispositivo construido de cerámica semiconductora la cual tiene la característica de poder incrementar el torque de arranque de un motor PSC (Permanent Split Capacitor) hasta un 500%. Este dispositivo, cuando es usado, actúa como si fuera un capacitor de Arranque con un Relay de Potencial. El **SAD** mejora la habilidad de un motor PSC, ya que el mismo aumenta, momentáneamente, la corriente suministrada al enrollado de arranque. Una vez que el motor arranca, la resistencia a través del mismo cambia de muy baja a considerablemente alta. Al ocurrir esto, el motor trabajara como un motor PSC normal.

La ventaja de usar este dispositivo para el arranque, es que el mismo no tiene partes en movimiento como el Relay. No tiene contactos que puedan desgastarse ni bobinas que puedan quemarse. Además son menos costosos que el Relay de Potencial y el Capacitor de arranque.

El **SAD** es usado en equipos de aire acondicionado que utilizan motores PSC en los compresores. Una vez que el compresor arranca, el mismo continuara funcionando como un motor PSC normal.

A continuación se muestra la conexión del **SAD. (Start Assistant Device).** El **SAD** va conectado en paralelo con el Capacitor de Marcha

Conexion del Start Assistant Device (SAD)
(Positive Temperature Coefficient)

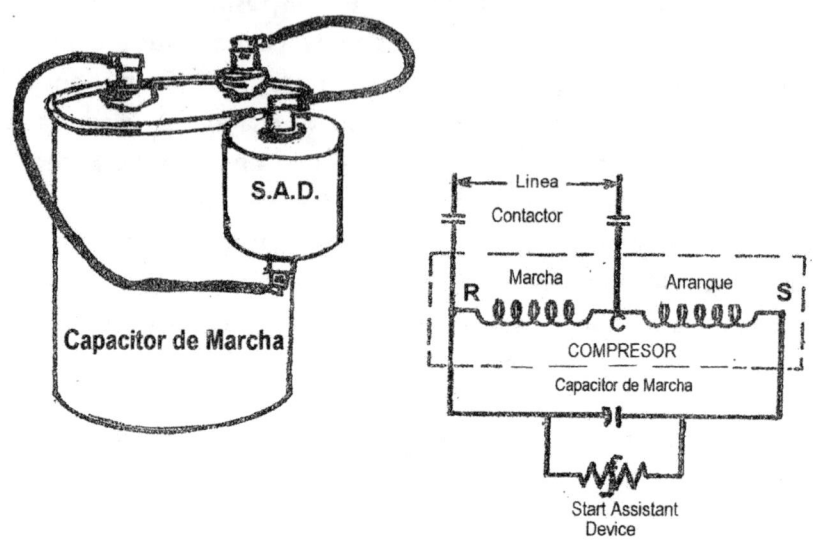

Transformadores

TRANSFORMADOR.

El transformador usado en los sistemas centrales de aire acondicionado, es del tipo reductor de voltaje. A este transformador se le puede suministrar 208 o 230 Volts (alto voltaje) para obtener 24 Volts (bajo voltaje) a su salida. El alto voltaje tiene que ser reducido ya que los controles del sistema, operan con 24 Volts. A muchos transformadores se les puede suministrar diferentes voltajes para obtener 24 volts, pero este tipo, el que utiliza 208 ó 230 volts es el más usado en aire acondicionado central.

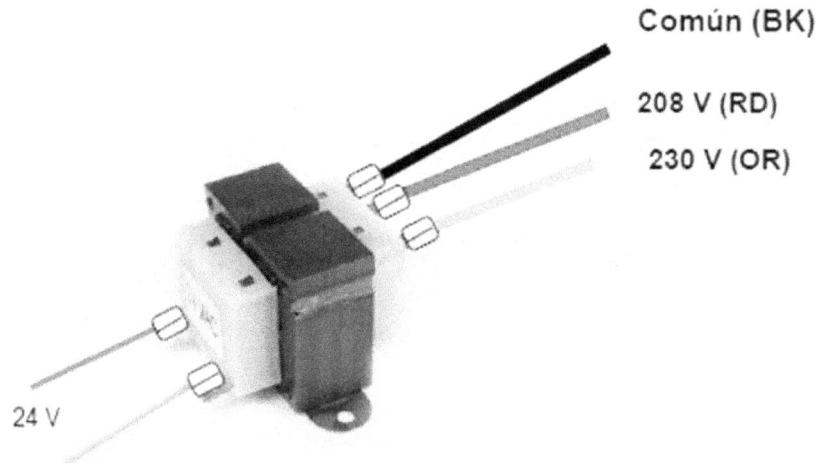

En el transformado de la figura anterior, el cable Blanco (WH) es el **Común**. Si el voltaje de fuerza o alimentación es 208, los cables a usar son el Blanco (WH) o el Negro si no hay cable Blanco y el Rojo (RD). Si el voltaje es 230, entonces los cables usados son el Blanco (WH) y el Naranja (OR). Recuerde que solamente deben ser usados dos cables. Los que no son usados no deben ser conectados.

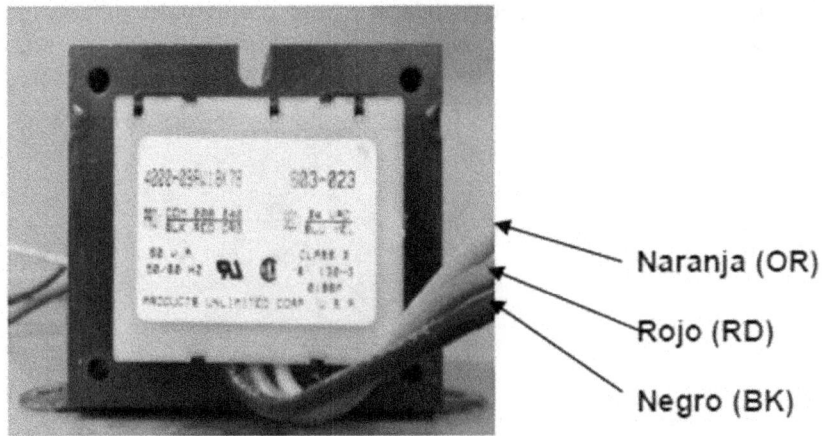

Naranja (OR)

Rojo (RD)

Negro (BK)

En este esquema se puede observar que el voltaje primario que puede ser utilizado, puede ser de diferentes valores, pero recuerde que solo será usado uno. Por lo general, en los sistemas de aire acondicionado central, no es usado el voltaje de fuerza de 120 Volts

TRANSFORMADOR

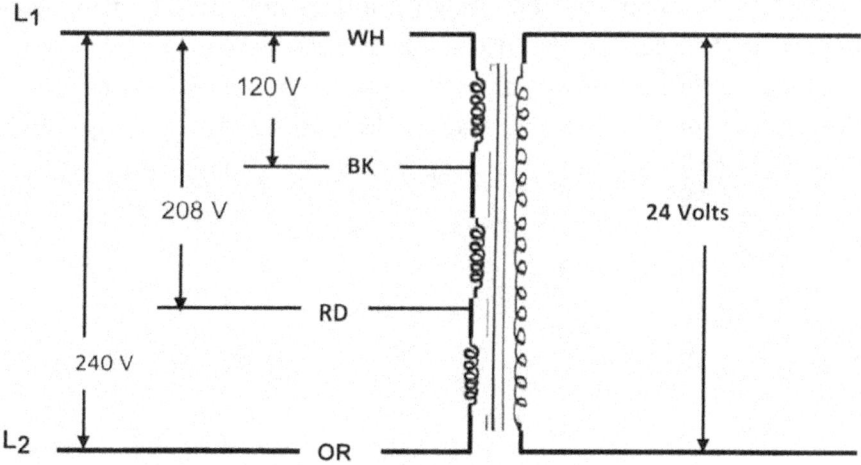

A pesar de que la alimentación eléctrica de 120 V no es usada se ha querido mostrar cómo deben ser conectados a cualquier voltaje.

En la siguiente figura se puede observar el transformador usado en el aire acondicionado residencial.

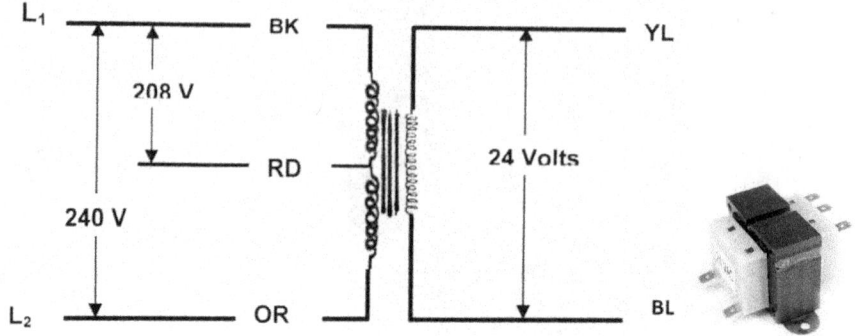

CONEXIONES DEL TRANSFORMADOR.

El transformador, en el aire acondicionado central o residencial, es el encargado del suministro del bajo voltaje al termostato y el termostato es el encargado de suministrarlo a los controles del equipo. Esto quiere decir que el termostato es el encargado de controlar la temperatura del lugar en que se encuentra instalado, encendiendo y apagando el sistema de acuerdo con dicha temperatura.

Termostatos

Tipos de termostatos.

Existen dos tipos de termostatos; el de línea (Alto Voltaje) y el de bajo voltaje. El usado en el aire acondicionado central es el de bajo voltaje es por eso que todo lo que a continuación se explica, es relacionado con este tipo de termostato.

El termostato de línea es aquel al cual se le suministra el mismo voltaje con el que trabaja el equipo que controla. Si el equipo trabaja con 120 Volts, el termostato también trabajará con 120 Volts. Si el equipo trabaja con 220 Volts, el termostato operará con 220 Volts.

El termostato de línea es usado en refrigeradores domésticos, aire acondicionado de ventana, bebederos de agua etc.

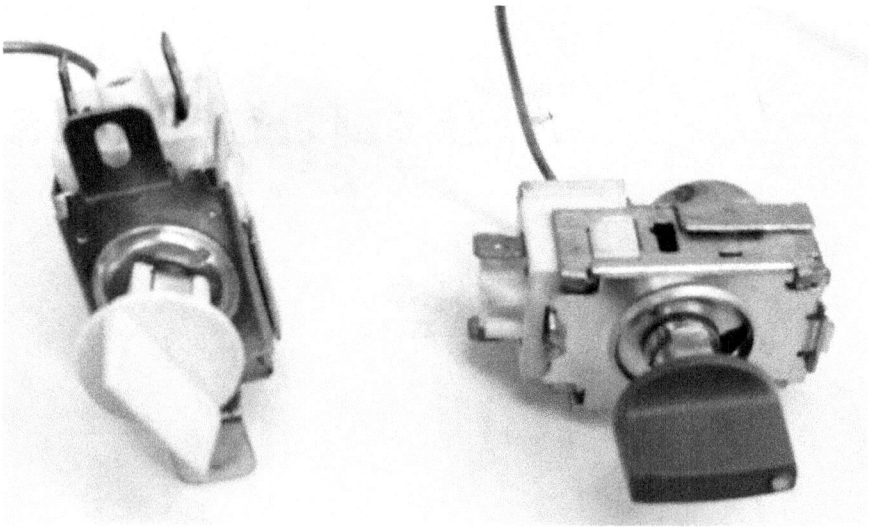

Este termostato va conectado en serie con el común del compresor cuando es usado en refrigeradores y aire acondicionado de ventana.

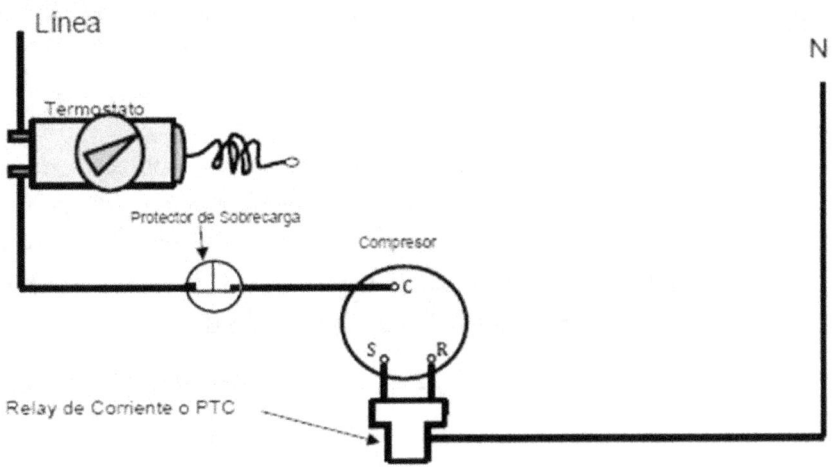

Línea

Termostato

Protector de Sobrecarga

Compresor

Relay de Corriente o PTC

N

TERMOSTATO DE BAJO VOLTAJE.

Este tipo de termostato controla la temperatura del lugar donde se encuentra instalado, de acuerdo con la temperatura a la cual se ajusta. La temperatura del aire de retorno es la que hará que el termostato apague y encienda el equipo. El material usado para abrir y cerrar los contactos que ponen en funcionamiento el sistema, es el Mercurio (Hg).

En la actualidad los termostatos digitales han adquirido gran popularidad y son los más usados. A pesar de estos últimos ser digitales, sus conexiones son las mismas que las que se realizan en los de un termostato de Mercurio.

El termostato de Mercurio (Hg), en la mayoría de los casos, tiene una tapa o cobertura, una base así como una sub-base donde son hechas las conexiones eléctricas.

En la siguiente figura, se puede observar la sub-base de un termostato de Mercurio, horizontal y en la misma están mostradas las diferentes letras donde son conectados los cables que suministrarán el bajo voltaje a los diferentes controles del sistema. En esta figura también se muestra dónde va conectado el cable que viene del transformador

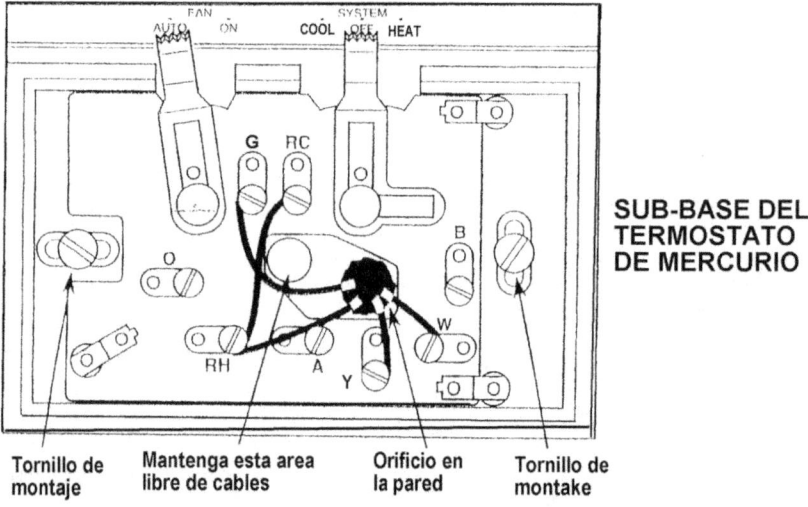

SUB-BASE DEL TERMOSTATO DE MERCURIO

| Tornillo de montaje | Mantenga esta area libre de cables | Orificio en la pared | Tornillo de montake |

En esta figura se pueden ver las letras que identifican donde deben ser hechas las conexiones de los diferentes controles usados.

R- RED (ROJO)	Aquí viene conectado uno de los cables de 24 V del transformador
G- GREEN (VERDE)	Aquí va conectado el cable que va al Fan Relay
Y-YELLOW (AMARILLO)	Aquí va conectado el cable que va al contactor Magnético.
W- WHITE (BLANCO)	Aquí va conectado el cable que va al Secuenciador Térmico

Las letras **C** y **H** al lado de la **R** significan **Cool** y **Heat** respectivamente. Como puede verse existe un cable que conecta ambos contactos y el mismo es instalado en la fábrica.

Esta conexión entre RC y RH tiene que existir, porque si esta conexión no existiera, no sería posible que el sistema trabajara en calefacción (Heat). Las conexiones identificadas con las letras **B** y **O** son usadas con los equipos conocidos como Bomba de Calor. En la conexión **O** existe 24 V cuando el termostato se pone en enfriamiento (Cool). En la conexión **B**, existe 24 V cuando el termostato se pone calefacción (Heat). En dependencia del tipo de Bomba de Calor usada, la bobina de la válvula reversible será o no energizada si el termostato se coloca en enfriamiento o en calefacción.

Sub-Base del termostato

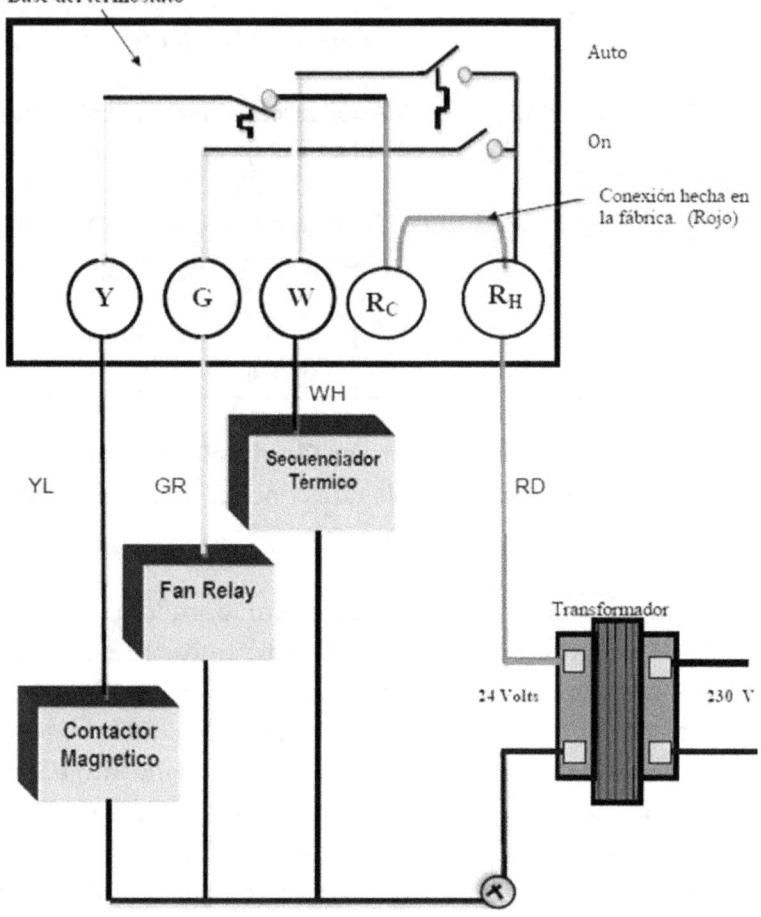

Auto

On

Conexión hecha en la fábrica. (Rojo)

Y   G   W   R_C   R_H

WH

YL   GR

Secuenciador
Térmico

RD

Fan Relay

Transformador

Contactor
Magnetico

24 Volts   230 V

La conexión entre la **R**c y **R**H, viene hecha de la fábrica. Esta conexión es necesaria para que el equipo pueda operar con la calefaccion (Heat), del termostato.

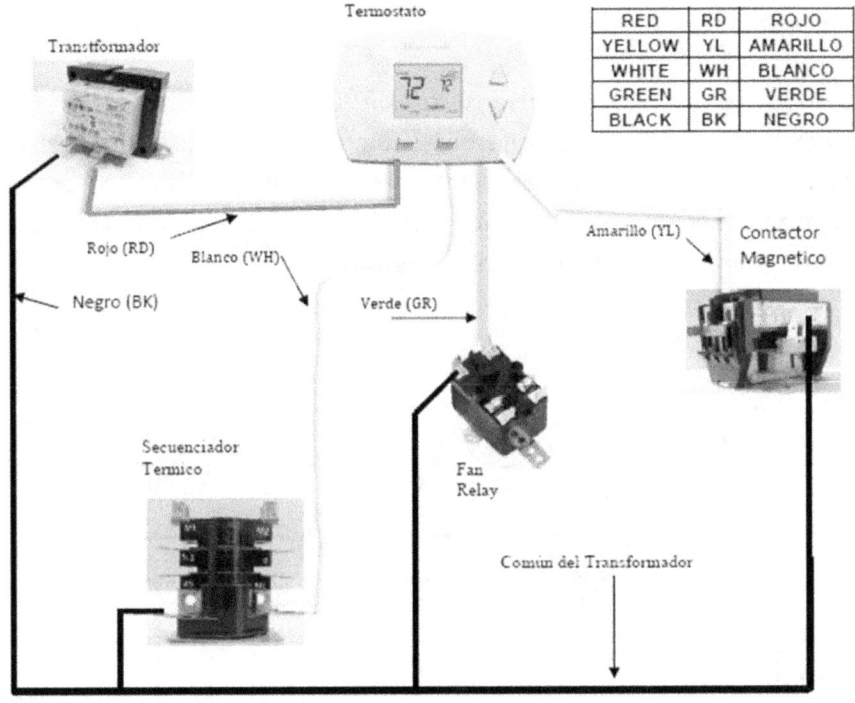

RED	RD	ROJO
YELLOW	YL	AMARILLO
WHITE	WH	BLANCO
GREEN	GR	VERDE
BLACK	BK	NEGRO

Termostato

Transformador

Rojo (RD)

Blanco (WH)

Negro (BK)

Verde (GR)

Amarillo (YL)

Contactor Magnetico

Secuenciador Termico

Fan Relay

Comun del Transformador

En la figura anterior se muestran las fotos de cada uno de los componentes del circuito de Bajo Voltaje y como son conectados. Sin embargo, la mayoría los circuitos eléctricos que encontramos en los planos de circuitos de los sistemas de aire acondicionado, no son representados de esta forma.

Cuando se instala un termostato de una Bomba de Calor, las conexiones son un tanto diferentes. Siempre consulte el manual de instalación que viene con el termostato. A continuación se muestran las conexiones de un termostato usado en una Bomba de Calor usada para enfriamiento y calefacción.

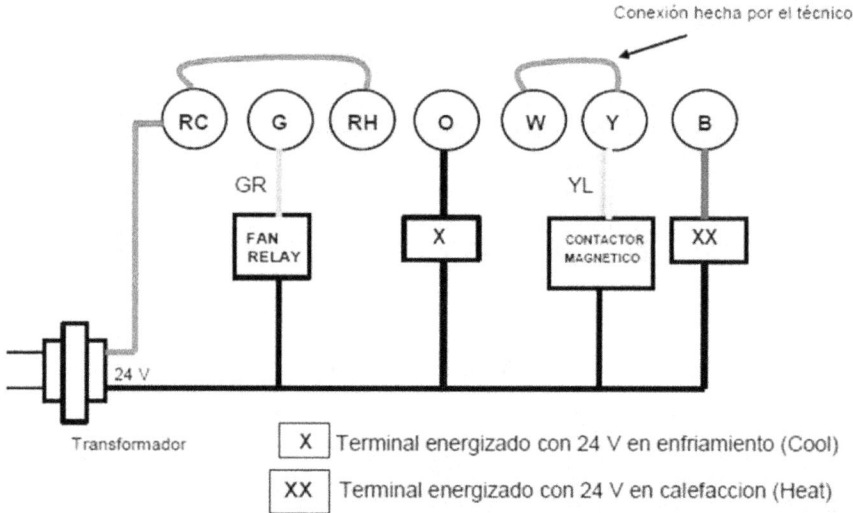

X	Terminal energizado con 24 V en enfriamiento (Cool)	
XX	Terminal energizado con 24 V en calefaccion (Heat)	

Cuando la Válvula Reversible debe ser energizada en enfriamiento, la bobina de la válvula se conecta al terminal **O**. Si la Válvula debe ser energizada durante la calefacción, entonces la bobina debe conectarse al terminal **B**

Cuando se utiliza una Bomba de Calor de una sola etapa, tiene que conectarse un cable entre **W-Y**. Esto se debe a que cuando el termostato se coloca en Heat, a través del terminal **Y**, no circulará voltaje. Sin embargo, en el terminal **W** si existirá voltaje, el cual pasará al contactor magnético para que el compresor arranque.

Recuerde que en la Bomba de Calor no existe Secuenciador Térmico, así que por el terminal **W** pasará el voltaje necesario para energizar al contactor magnetico.

Existen termostatos que en su base poseen un Switch, que debe moverse de acuerdo a la conexión que se está haciendo, o si se usa una Bomba de Calor. En estos casos este Switch tiene dos posiciones; **STD** y **HP** (Heat Pump). En otros termostatos el Switch también tiene dos posiciones, pero en este caso son **ELEC** y **GAS.** El Switch se coloca en **ELEC** cuando la calefacción es eléctrica y se coloca en **GAS**, cuando la calefaccion es por gas natural o petróleo.

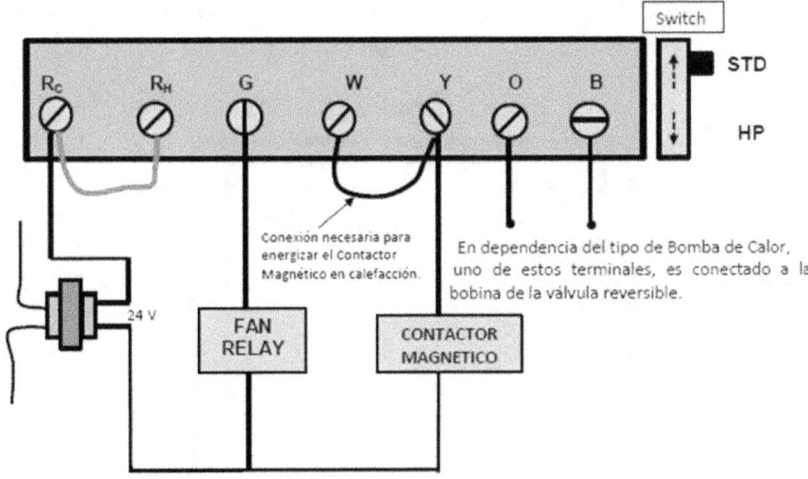

Como este Termostato puede usarse con una Bomba de Calor, es necesario incorporar un cable entre W-Y para que el compresor Arranque y realizar la conexión de la bobina de la válvula reversible en cualquiera de los terminales **O – B.**

Cómo determinar si el Termostato está dañado.

Como en la actualidad son usados termostatos electrónicos y digitales, es común encontrar baterías en los mismos. En ocasiones el cliente no se percata que las baterías están gastadas y asume que el sistema esta dañado. En estos casos, la solución es tan simple como cambiar las baterias.

En otros casos para determinar si el termostato es el dispositivo que está creando el problema, destape el termostato y déjelo en la sub-base; no lo mueva ni trate de desconectarlo.

Con el uso de un pedazo pequeño de cable de dos o tres pulgadas, proceda a establecer contactos entre **R** y el resto de los terminales. Si el Fan Relay, el compresor y el Secuenciador Térmico se energizan al realizar estas conexiones, pero no cuando el termostato está armado, entonces el termostato es el del problema y debe ser cambiado.

Base del Termostato

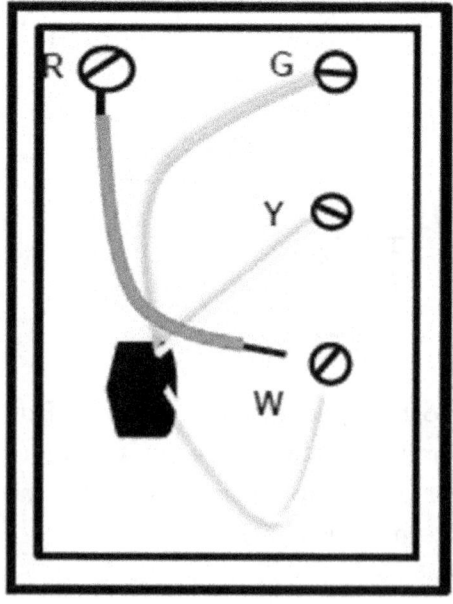

Las conexiones en la sub-base del termostato digital, son iguales a las del termostato de Mercurio. Los terminales de conexión en la sub-base tienen las mismas letras en ambos termostatos.

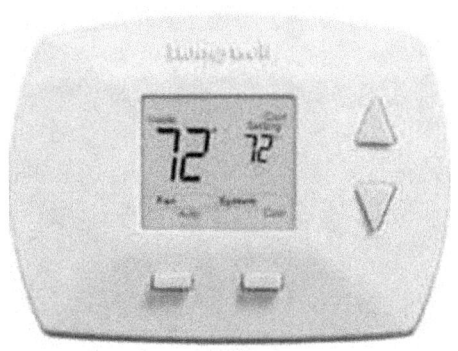

La única diferencia son las pequeños paticas de metal (pin) usadas en el termostato digital.

Controles del Aire Acondicionado

CONTROLES USADOS EN SISTEMAS DE AIRE ACONDICIONADO CENTRAL

En todo sistema de aire acondicionado central (Split System o Sistema Dividido) existen dos unidades las cuales están separadas una de la otra. Estas dos unidades son el Air Handler (Manejador de Aire) y Condensing Unit, (Unidad de Condensación). La Manejadora de Aire va colocada en el interior de la vivienda y la Unidad de Condensación en el exterior.

Los circuitos eléctricos de estas dos unidades, son independientes, aunque en la manejadora de aire se encuentra el transformador reductor, el cual induce el bajo voltaje necesario para que el sistema pueda funcionar debidamente.

En este tipo de sistema de aire acondicionado, existen dos circuitos eléctricos independientes uno del otro y claramente definidos:

1. el circuito de **control**, **Bajo Voltaje (24 V)** y
2. el circuito de **fuerza**, **Alto Voltaje (208/230 V)**

Por lo general el circuito de control es el encargado de controlar el paso del alto voltaje a los diferentes componentes eléctricos del sistema que trabajan con alto voltaje. Estos controles permiten el paso del alto voltaje al compresor, al ventilador del condensador, al Blower y a las resistencias de la calefacción, en dependencia de la posición en que se coloca el termostato. (Enfriamiento o calefacción)

Para poder controlar el alto voltaje, a estos controles se le suministra bajo voltaje. Cuando el bajo voltaje es suministrado a los controles, estos permitirán el paso del alto voltaje, cerrando los contactos que en ellos existen. Cuando se corta el suministro de bajo voltaje, estos contactos se abren, interrumpiendo el paso del alto voltaje a los componentes de fuerza, (compresor, motores eléctricos etc.)

El circuito de control, **Bajo Voltaje**, está formado por los siguientes componentes.

- Transformador (se encuentra en ambos, alto y bajo voltajes ya que al mismo se le suministra alto voltaje para que lo transforme en bajo voltaje)
- Termostato
- Relay del Ventilador Interior (Fan Relay)
- Secuenciador Térmico
- Contactor Magnético

En el circuito de **Alto Voltaje** se encuentran los siguientes componentes.

- Compresor
- Ventilador Interior (Blower)
- Ventilador Exterior
- Resistencias de la Calefacción

De los controles (Bajo Voltaje) mencionados anteriormente, el único dispositivo que encontramos en la unidad exterior es el Contactor Magnético, el resto está localizado en la Manejadora de Aire.

En todo sistema de aire acondicionado comercial y residencial, es necesario el uso de dispositivos eléctricos que sean los encargados de controlar el paso de la corriente eléctrica a los diferentes componentes del sistema. Recuerde que en todos los circuitos eléctricos existen dos circuitos eléctricos diferentes; circuito de control (bajo voltaje) y circuito de fuerza (alto voltaje)

Los controles más comúnmente usados en un equipo de aire acondicionado central son.

- Fan Relay
- Secuenciador Térmico
- Contactor Magnético

En las páginas 61 y 62, se puede observar cómo van instalados estos controles al termostato y al transformador

El **Fan Relay** es el encargado de permitir el paso del alto voltaje al Blower de acuerdo con la velocidad deseada. El **Secuenciador Térmico** es el que le suministra alto voltaje a las resistencias de la calefacción y a la baja velocidad del Blower, cuando el termostato se coloca en Heat. El **Contactor Magnético** es el que controla el funcionamiento del compresor y el ventilador del condensador. Cuando el termostato se pone en Cool el **Contactor Magnético** permitir el paso del alto voltaje al compresor y al ventilador.

A todos estos dispositivos se les suministra bajo voltaje para su operación, ya que el mismo, (bajo voltaje) es el voltaje de control usado para controlar el alto voltaje.

FAN RELAY.

El Fan Relay es utilizado en los equipos de aire acondicionado con el fin de permitir el paso del alto voltaje al motor del Blower (motor interior). Cuando el termostato se pone en enfriamiento (Cool), a través del Fan Relay pasa alto voltaje a la alta velocidad del Blower. Cuando el termostato se coloca en calefacción (Heat), entonces el alto voltaje pasa a través de la baja velocidad del motor

El Fan Relay está formado por un contacto normalmente abierto (2-4), otro normalmente cerrado (5-6) y un enrollado o bobina (1-3) a través de la cual circula el bajo voltaje. Cada uno de los extremos de estos contactos está identificado con números para su correcta conexión al ventilador del Blower y al suministro del bajo voltaje.

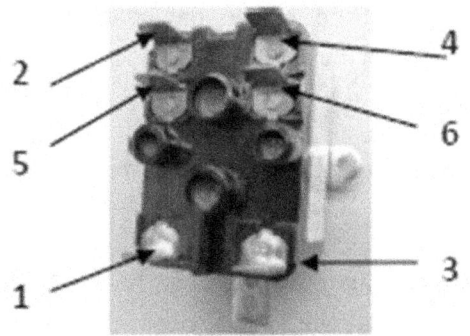

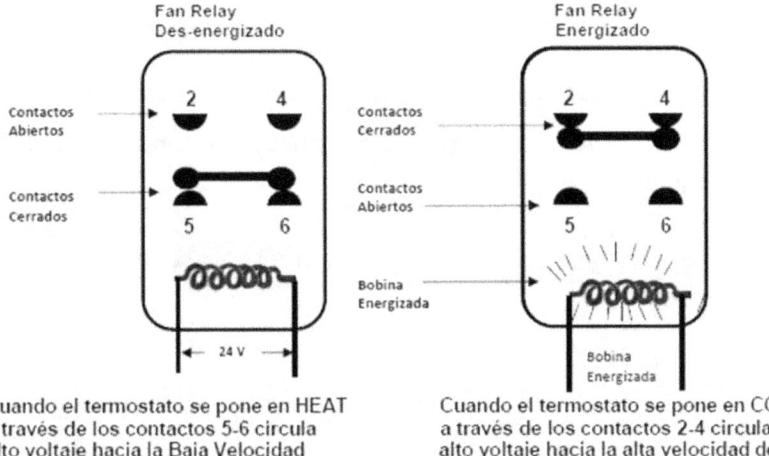

Fan Relay Des-energizado

Contactos Abiertos
Contactos Cerrados

2   4

5   6

← 24 V →

Cuando el termostato se pone en HEAT a través de los contactos 5-6 circula alto voltaje hacia la Baja Velocidad del Blower

Fan Relay Energizado

Contactos Cerrados
Contactos Abiertos
Bobina Energizada

2   4

5   6

Bobina Energizada

Cuando el termostato se pone en COOL a través de los contactos 2-4 circula alto voltaje hacia la alta velocidad del Blower

La bobina por la que circula el bajo voltaje (24 V) se encuentra entre los terminales 1-3. Existe un tipo de Fan Relay en el cual no existe el Terminal #6. Esto significa que el Terminal #4 y el #6 están conectados entre sí internamente.

Si queremos comprobar si un Fan Relay está en buenas condiciones, utilizamos un multímetro el cual colocamos en la escala de resistencia (ohm). Con las puntas de los cables del multímetro, tocamos los terminales 1-3 (bobina) y tiene que indicar resistencia o continuidad. También se tocan los terminales 2-4 y 5-6. Entre los terminales 2-4

(Normalmente Abiertos) no puede haber continuidad pero entre los terminales 5-6, (Normalmente Cerrados) si tiene que existir continuidad...

Si los resultados que se obtienen no son los mencionados anteriormente, entonces reemplace o cambie el Fan Relay.

En algunos tipos de aire acondicionado se ha usado otro tipo de Fan Relay, el cual ha ido desapareciendo, pero es posible que se pueda encontrar en equipos viejos. Es por esta razón que solamente es mencionado, y no será muy explicado. Al verlo, usted será capaz de identificarlo.

Aunque su construcción difiere a la del Fan Relay que estamos acostumbrados a ver, su función es la misma y sus conexiones también son las mismas..

En la siguiente página se muestra este tipo de relay con sus terminales identificados.

La bobina de el fan Relay que se muestra, aunque es alimentada con bajo voltaje (24 V), en ocasiones y en diferentes aplicaciones, la bobina puede ser alimentada con 110 o 115 Volts.

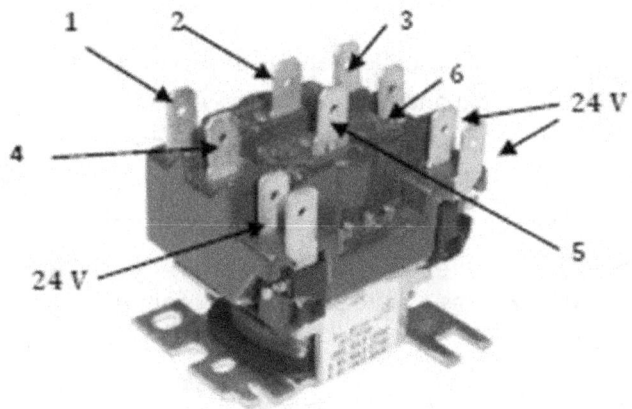

Contactos 1-2 Normalmente Cerrados
Contactos 1-3 Normalmente Abiertos
Contactos 4-5 Normalmente Cerrados
Contactos 4 -6 Normalmente Abiertos

SECUENCIADOR TÉRMICO.

El Secuenciador Térmico es usado en los sistemas de aire acondicionado con el objetivo de controlar el paso del alto voltaje hacia las resistencias de la calefacción cuando el sistema se pone en Heat. Por el Secuenciador Térmico también va a pasar alto voltaje a la Baja velocidad del motor del Blower.

Al igual que el Fan Relay, el voltaje de control es de 24 volts y el mismo le es suministrado al Secuenciador Térmico, por el termostato, a través del cable Blanco (**W**)

El Fan Relay cierra y abre sus contactor por medio del electroimán que se forma en su bobina. En el caso del Secuenciador térmico, los contactos se abren y cierran de acuerdo con la temperatura, no un electroimán.

En lugar de una bobina, en el Secuenciador Térmico encontramos un bimetálico el que se expande cuando a través del mismo circula un voltaje y se contrae cuando deja de circular por el mismo. El voltaje que pasa por el bimetálico es bajo (24 V) pero el mismo es suficiente para producir el calor necesario para la expansión del bimetal. Cuando el bimetal se expande, empuja unas varillas de porcelana que tienen un diámetro pequeño y estas a la vez cierran los contactos por donde va a pasar el alto voltaje.

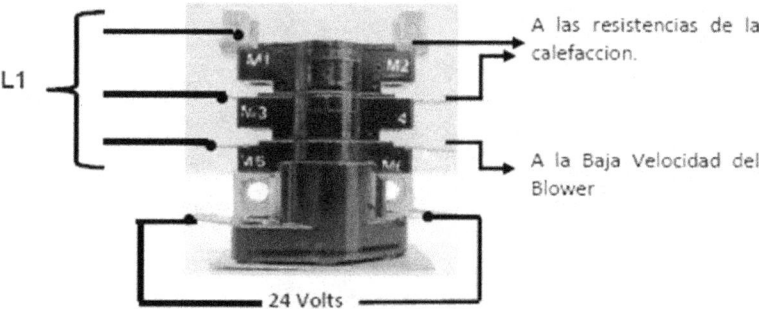

Cuando el equipo de aire acondicionado, se pone en **HEAT** (calefacción) y se aumenta la temperatura en el termostato, a través del cable Blanco (**WH**) le llega bajo voltaje al bimetálico que se encuentra en la parte baja del Secuenciador Térmico. Los contactos eléctricos del Secuenciador Térmico, por donde circula el alto voltaje hacia las resistencias y el motor del Blower, no se cierran instantáneamente. Es necesario esperar varios segundos para que el bimetal en el interior del secuenciado se caliente, se expanda y cierre estos contactos para que el alto voltaje pase por el motor del Blower y las resistencias de la calefacción.

Cuando la temperatura en el interior del local o residencia sube y alcanza el nivel deseado, el termostato abre sus contactos y corta el suministro de bajo voltaje (24 Volts) al secuenciador. Cuando el bimetálico se enfría, debido a que no circula bajo voltaje por el secuenciador Térmico, los contactos del alto voltaje, se abren y deja de circular alto voltaje por las resistencias de la calefacción y el motor del Blower.

Los contactos **M1 – M2, M3 – M4 y M5 – M6** son normalmente abiertos y cuando los mismos se cierran, el alto voltaje pasa a las resistencias de la calefacción y a la baja velocidad del motor del Blower

RESISTENCIAS DE LA CALEFACCIÓN.

Cuando el termostato se coloca en Heat, durante el invierno, el Blower y las resistencias de la calefacción deben ser energizadas con alto voltaje. Para que por estos componentes circule alto voltaje,

El Secuenciador Térmico tiene que ser energizado con bajo voltaje. Como se explicó anteriormente, cuando en el bimetálico del Secuenciador Térmico se alcanza la temperatura deseada, los contactos **M1-M2 y M3-M4** se cierran y pasa alto voltaje a las resistencias y al motor del Blower.

Las resistencias de la calefacción en muchos casos están conectadas en serie con un Limit Switch (térmico) y un fusible.

El Limit Switch es un dispositivo de protección que se abre e interrumpe el paso de corriente a las resistencias de la calefacción cuando la temperatura se incrementa demasiado. Cuando sistema está en calefacción (Heat), es necesario que exista una protección para evitar un calor excesivo en las resistencias.

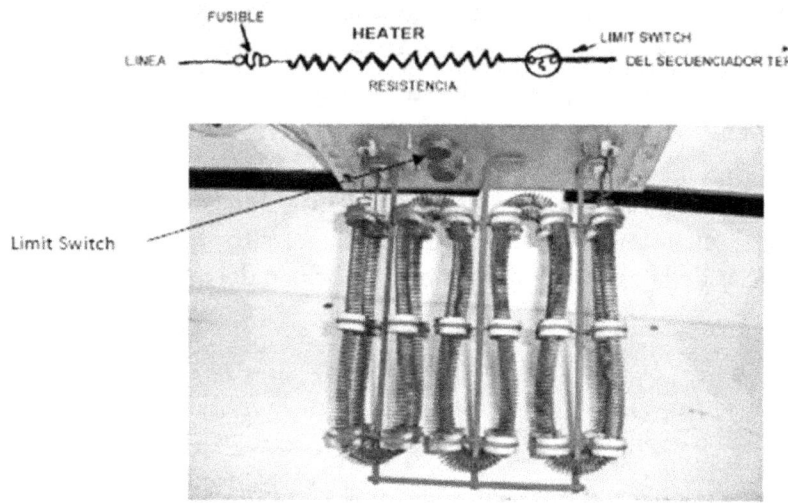

El Limit Switch es un dispositivo de protección que se abre e interrumpe el paso de corriente a las resistencias de la calefacción cuando la temperatura es muy elevada. Cuando la temperatura baja y vuelve a su normalidad, el Limit Switch se vuelve a cerrar. Si el Limit Switch esta defectuoso y no se abre por un exceso de temperatura, entonces el ***fusible*** abre el circuito. Estos dos dispositivos han sido incorporados en el circuito de la resistencia para evitar que por una elevada temperatura pueda producirse un incendio.

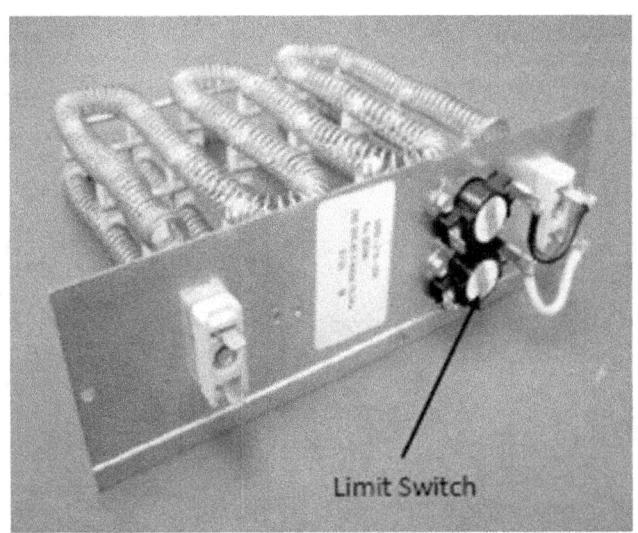

Limit Switch

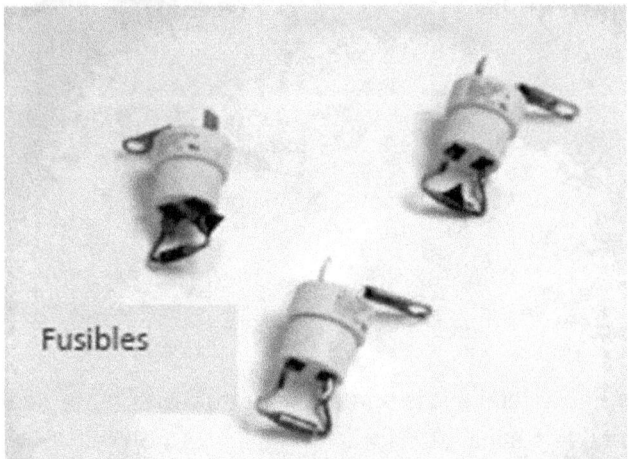

Fusibles

Cuando un sistema se pone en calefacción y el mismo no produce calor, estos son dos dispositivos que deben ser chequeados. Cuando la resistencia esta fría tanto el Limit Switch (térmico) como el fusible deben tener continuidad.

En algunos equipos donde la resistencia de la calefacción está instalada en el interior de la carcasa del Blower, este fusible no es usado. Solamente se usa el Limit Switch.

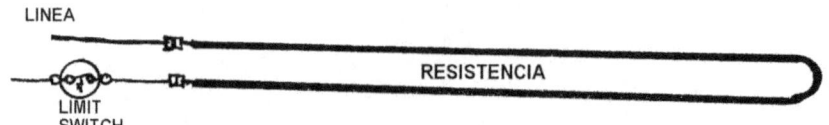

En muchos equipos de la RHEM esta es el tipo de resistencia (Heater) usada. En la siguiente figura se pueden ver las resistencias de la calefacción instaladas en el cuerpo del Blower

Resistencias de la calefacción (Heaters)

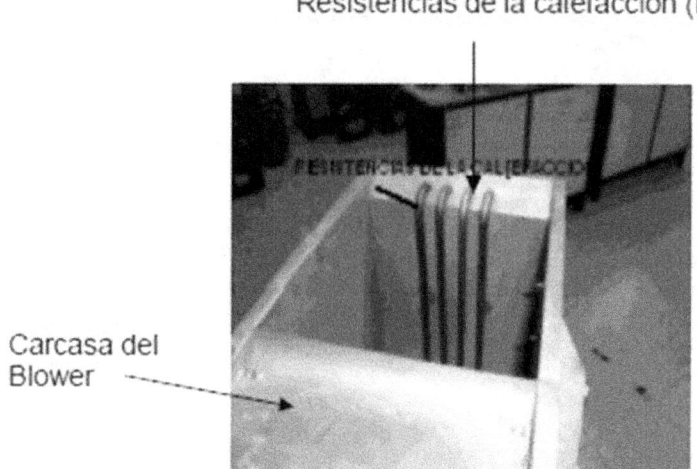

Carcasa del Blower

Estas resistencias eléctricas van a calentarse más lentamente que las mostradas en la página anterior.

Cuando en la Manejadora de Aire, éste es el tipo de resistencias que se utilizan, todos los controles y dispositivos eléctricos son instalados en el Blower. Estamos hablando de transformador, Fan Relay, Secuenciador Térmico, el capacitor del motor, el motor del Blower y el Blower. Cuando el motor del Blower tiene que ser reemplazado, todo el conjunto de Blower motor y controles, como están instalados en su cuerpo o carcasa, todos serán movidos de la Manejadora de Aire.

Al extraer el Blower, es necesario desconectar los cables que vienen del termostato y la alimentación del alto voltaje del breaker al que llegan L1 y L2. Si la Manejadora de aire tiene un breaker, es necesario desconectar el suministro eléctrico desde el panel eléctrico principal para evitar sufrir un "*corrientazo.*"

Para que se pueda tener una idea de la forma en que el Fan Relay y el Secuenciador Térmico son conectados al alto voltaje, en el siguiente diagrama están representadas estas conexiones.

CIRCUITO ELECTRICO DE UNA MANEJADORA DE AIRE.

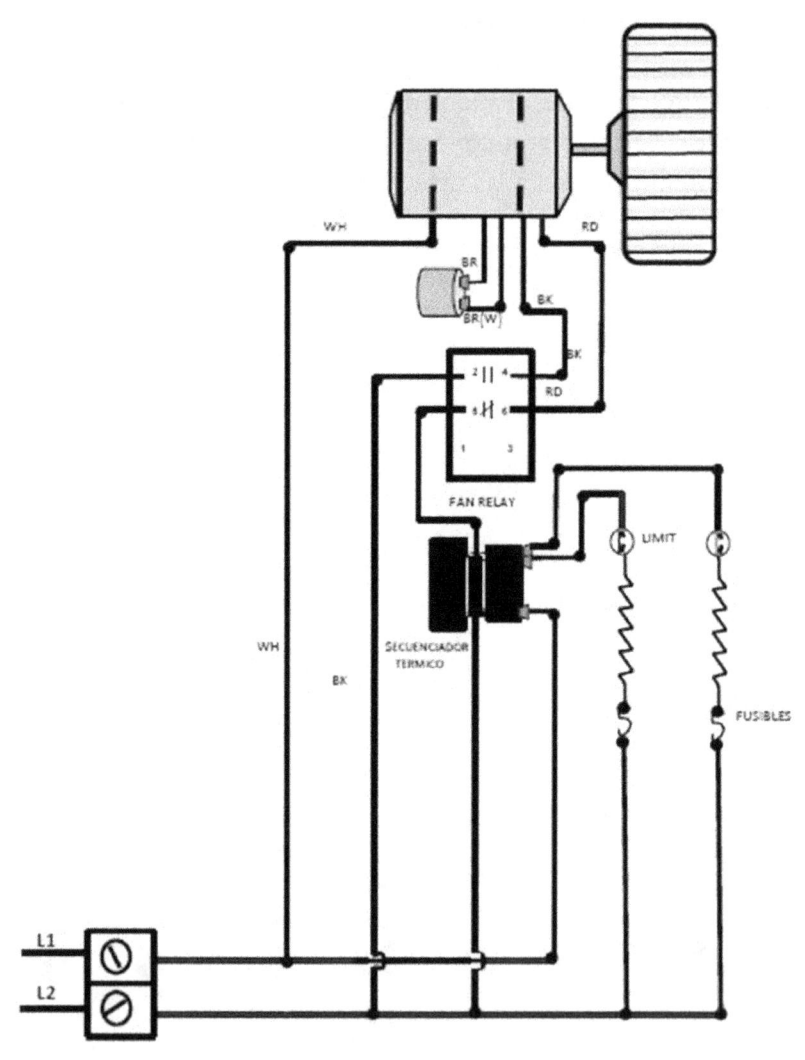

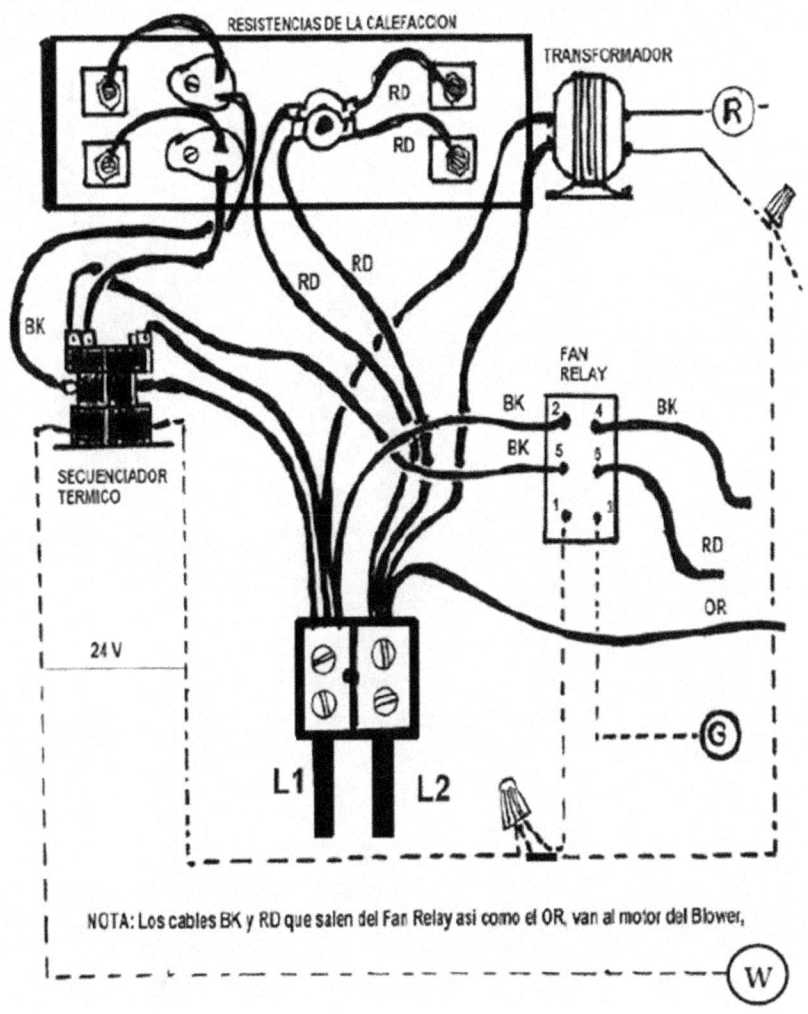

Los cables identificadas con las letras **G** y **W** vienen del termostato. El cable **R** que sale del transformador, va al termostato. Al otro cable que sale del transformador, o sea el común, vienen los cables que salen del Fan Relay, el Secuenciador Térmico y el Contactor Magnético..

Tarjetas
Electrónicas

TARJETA O BOARD ELECTRONICO.

En la actualidad muchos de los equipos de aire acondicionado que se fabrican, están provistos de un circuito integrado en el cual están instalados sus controles. En este circuito integrado, están instalados el Fan Relay, Secuenciador Térmico y el Limit Switch (térmico). A este circuito integrado (Electronic Board), se le suministra alto voltaje de Corriente Alterna y la misma es reducida y convertida en Corriente Directa de bajo voltaje. Esta tarjeta o circuito integrado está protegido por un fusible de cuchilla (usado en automóviles) de **5 amperes**.

Esta tarjeta o circuito integrado, tiene como objetivo, instalar todos los controles del sistema en una placa electrónica, eliminando la necesidad de varias conexiones eléctricas. En este tipo de equipo, la conexión del termostato tiene que ser realizadas aunque no sean hechas directamente en los controles.

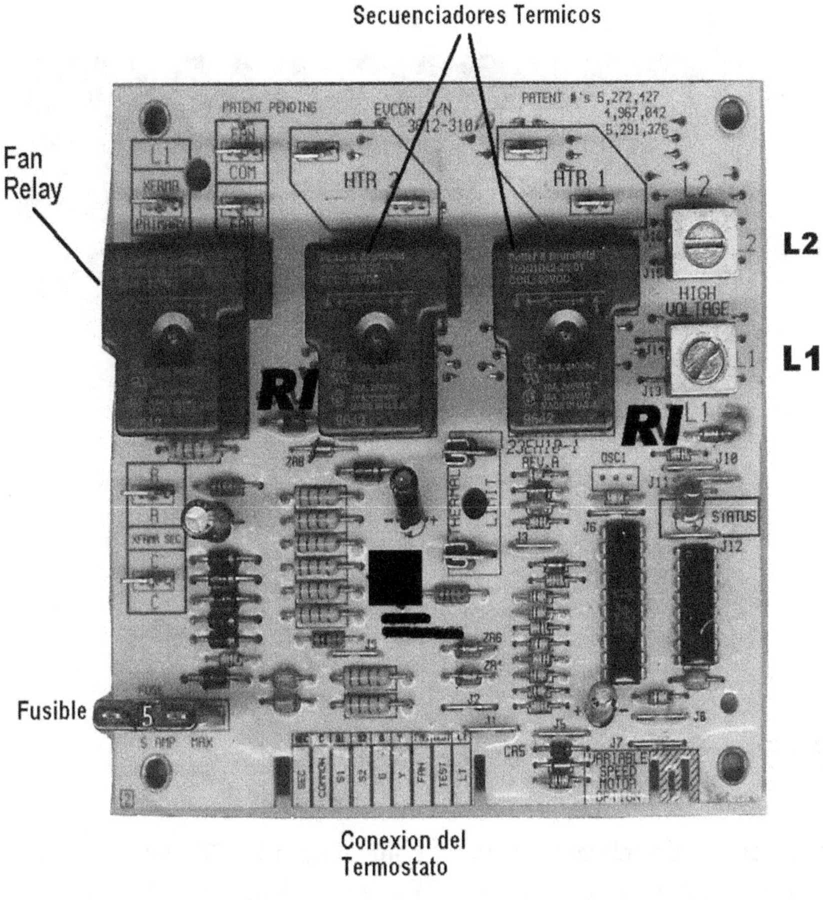

Secuenciadores Termicos

Fan Relay

L2

L1

Fusible

Conexion del Termostato

Conexión del fusible

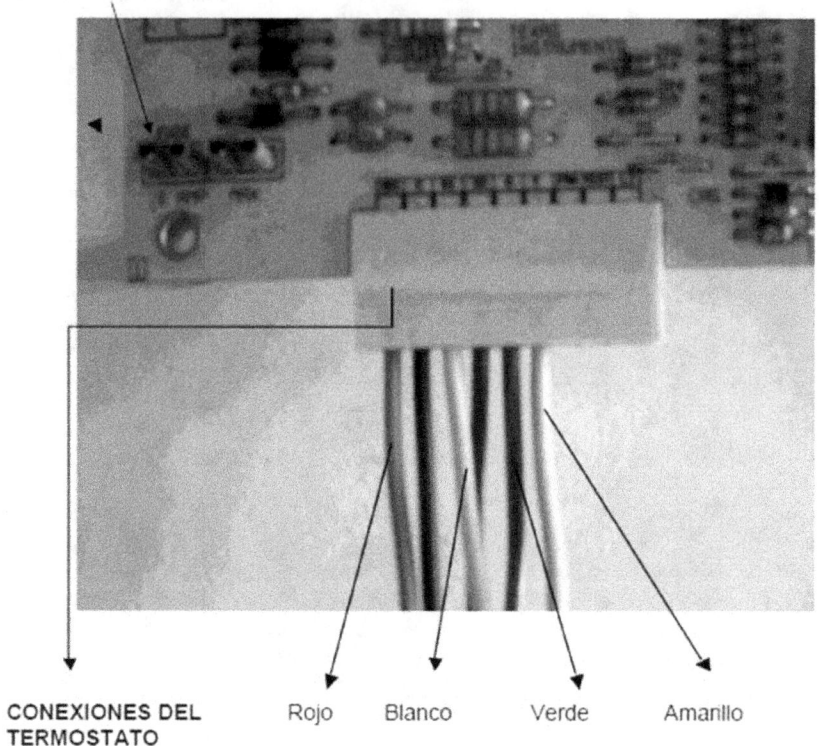

CONEXIONES DEL TERMOSTATO   Rojo   Blanco   Verde   Amarillo

Como es sabido, el cable Rojo va conectado a la **(R)** del termostato. El Blanco **(W)** va conectado a la **(W)** del termostato. El cable Verde va conectado a la **(G)** del termostato y el cable Amarillo a la **(Y)** del termostato. A través de estos cables se le suministra el Bajo Voltaje al Secuenciador Térmico, al Fan Relay y al Contactor Magnetico.

En la figura de la siguiente página, se pueden ver las conexiones del transformador (primario y secundario) las conexiones del ventilador (Blower) y las conexiones de las resistencias de la calefacción.

También pueden ser vistos el Fan Relay y los Secuenciadores Térmicos (dos) ya que este equipo utiliza dos resistencias eléctricas (Heaters) para producir el calor necesario para la calefacción

Además, en la figura de la página 60 se puede ver con claridad donde van conectados los cables de la alimentación eléctrica del alto voltaje (LI y L2)

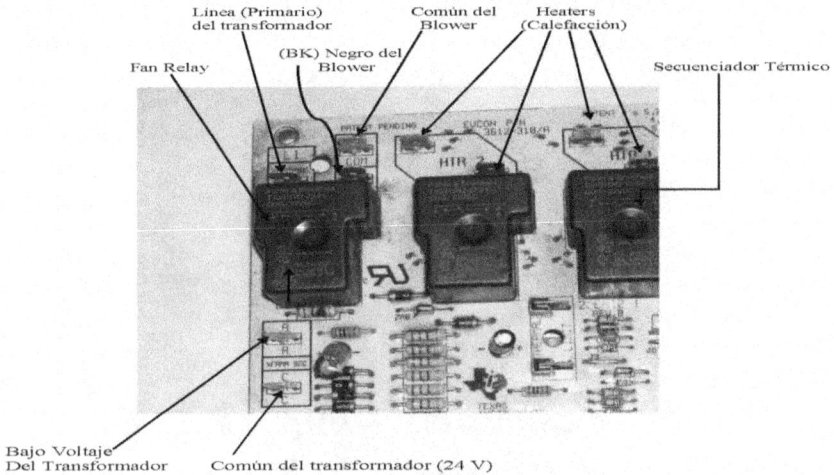

No todos los sistemas utilizan el mismo tipo de circuito electrónico, pero en cada uno de ellos vienen identificadas las conexiones eléctricas del alto y bajo voltaje con mucha claridad.

Como cada fabricante de equipos de aire acondicionado utiliza una tarjeta electrónica diferente, es por esta razón que es muy difícil tratar de llegar a aprender, en cualquier curso, la instalación de todos los circuitos eléctricos que utilizan circuitos integrados.

Lo que sí es posible y necesario aprender es, ser capaces de leer estos circuitos cuando enfrente de nosotros tenemos, la tarjeta electrónica.

Si se fija con detenimiento, en estas tarjetas están señalados los lugares donde deben ser conectados los cables del suministro eléctrico de alto voltaje.

En la siguiente página se observa la manejadora de aire que usa esta tarjeta electrónica.

Manejadora de aire (Air Handler)

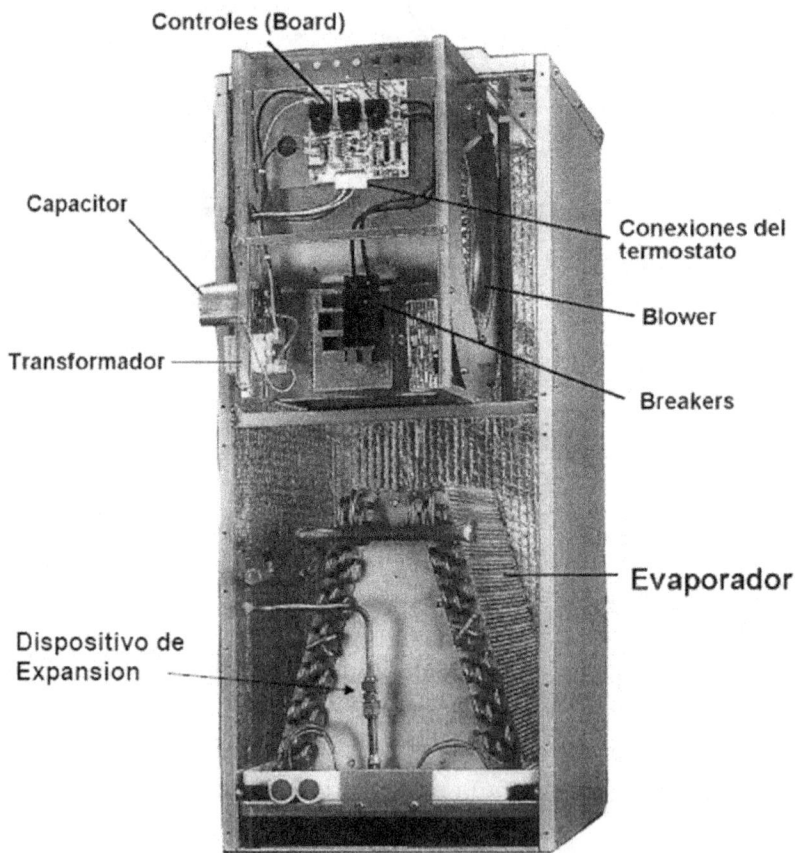

Controles (Board)

Capacitor

Transformador

Conexiones del termostato

Blower

Breakers

Evaporador

Dispositivo de Expansion

Otro ejemplo de Tarjeta electrónica de un aire acondicionado.

A continuación puede verse una tarjeta electrónica usada en la manejadora de aire de un aire acondicionado.

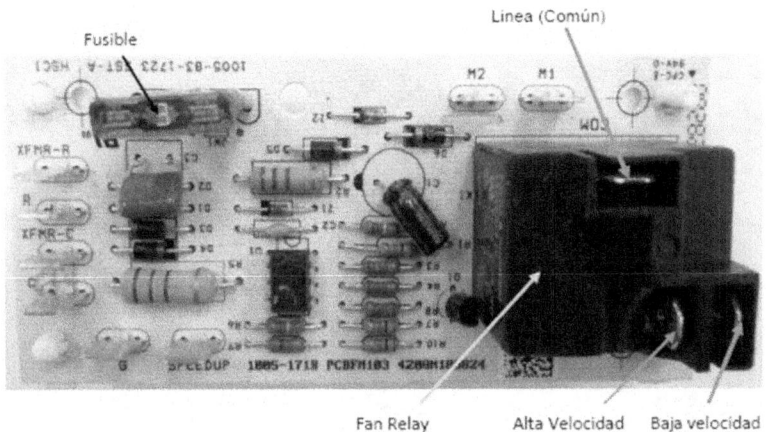

Fan Relay   Alta Velocidad   Baja velocidad

Como puede verse en el esquema de conexiones de la siguiente página, las conexiones a esta tarjeta, son totalmente diferentes a la vista anteriormente. Sin embargo, si se observa detenidamente, en la misma están señalados los lugares donde deben ser hechas las conexiones eléctricas del motor del Blower, así como las del transformador.

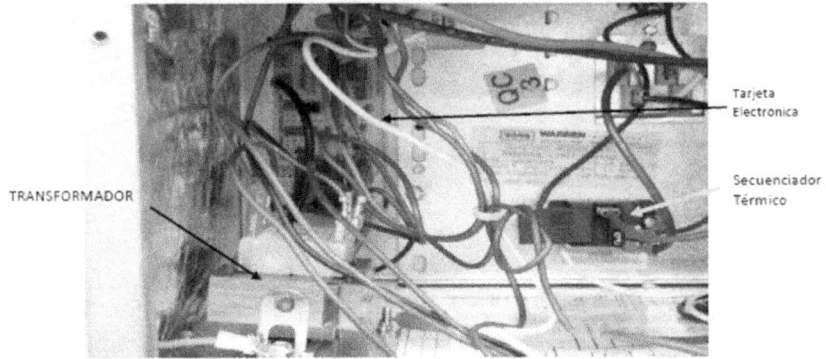

Contactor
Magnetico

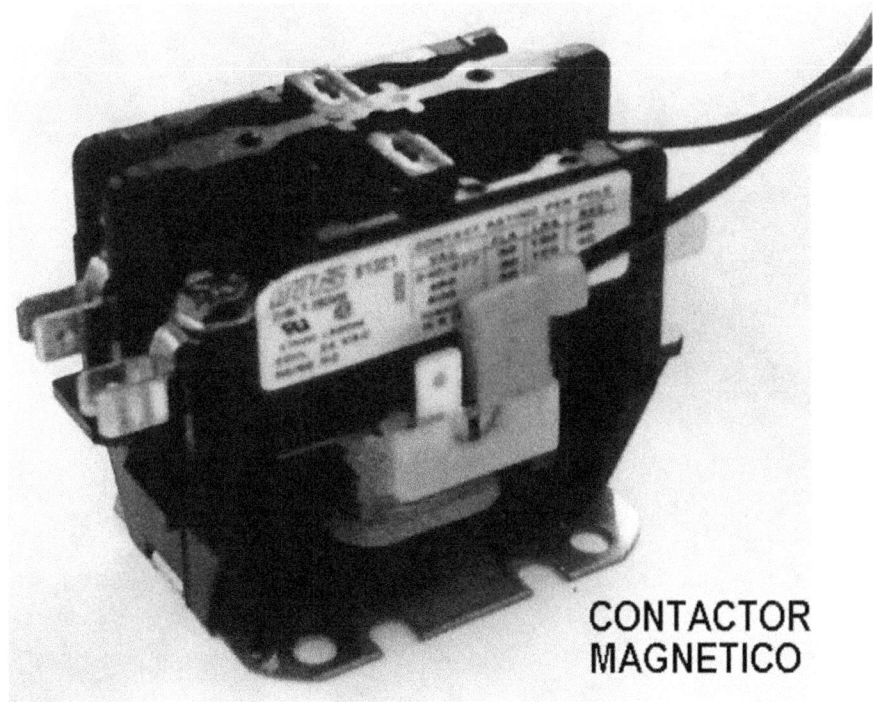

CONTACTOR
MAGNETICO

NOTAS.

Contactor Magnético. Tipos

El Contactor Magnético es el dispositivo eléctrico encargado de poner en funcionamiento el compresor y el ventilador del condensador. Este control va instalado en la unidad de condensación y el mismo está formado por una bobina y dos contactos normalmente abiertos, a través de los cuales circula alto voltaje hacia el compresor y hacia el ventilador del condensador estos se cierran.

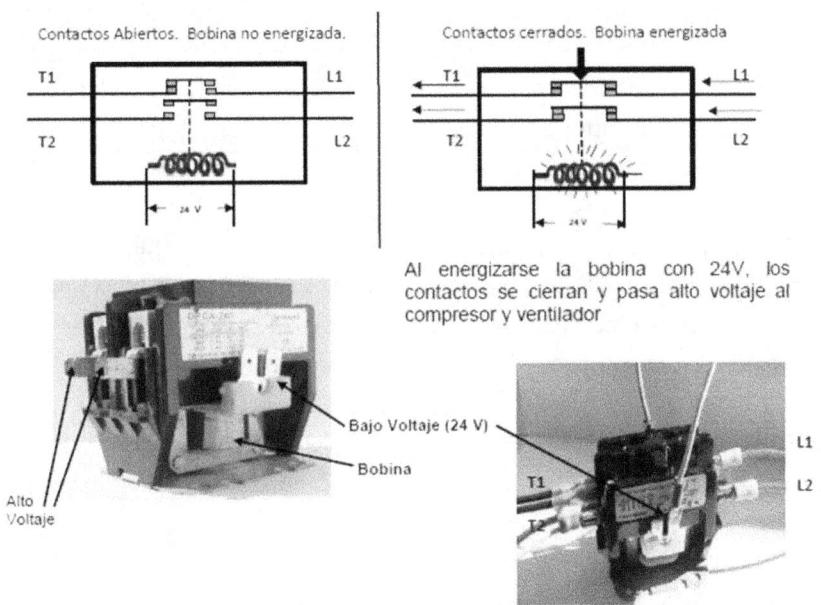

Contactos Abiertos. Bobina no energizada.

T1   L1

T2   L2

24 V

Contactos cerrados. Bobina energizada

T1   L1

T2   L2

24 V

Al energizarse la bobina con 24V, los contactos se cierran y pasa alto voltaje al compresor y ventilador

Bajo Voltaje (24 V)

Bobina

Alto Voltaje

L1

L2

T1

Existen diferentes tipos de contactores magnéticos. El que aquí se muestra tiene dos contactos normalmente abiertos, los cuales se cierran cuando por la bobina circula 24 volts, o sea se energiza.

Existen contactores que tienen un contacto abierto y una conexión directa de sin usar contacto. Esto quiere decir que a través de esta línea siempre está circulando corriente eléctrica.

La línea **L2-T2,** como puede verse, es continua y la misma está energizada ya que no existe contacto. Cuando la bobina se energiza, el contacto se cierra a pasa alto voltaje (208/230/240 Volts) hacia el compresor y ventilador del condensador. Ver las figuras de las páginas 15 y 23 donde se muestran las conexiones del Contactor Magnético a las líneas de alimentación y al compresor y ventilador.

Existe otro tipo de contactor usado en algunos equipos de aire acondicionado, el cual tiene un solo contacto, o sea que solo una línea de alimentación eléctrica pasa por el mismo. Este contactor es usado en estos equipos en sustitución del Secuenciador Térmico.

Cuando la bobina se energiza el contacto se cierra.

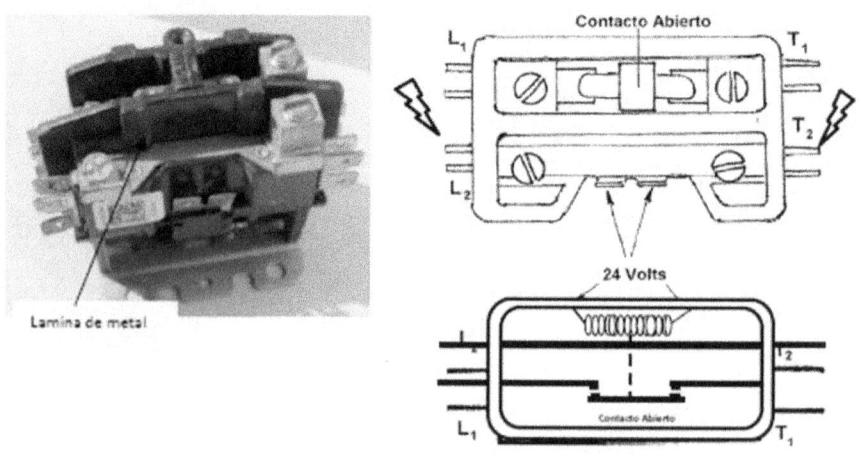

Existe otro contactor que es usado en ciertos circuitos de aire acondicionado y el mismo tiene solo un contacto.

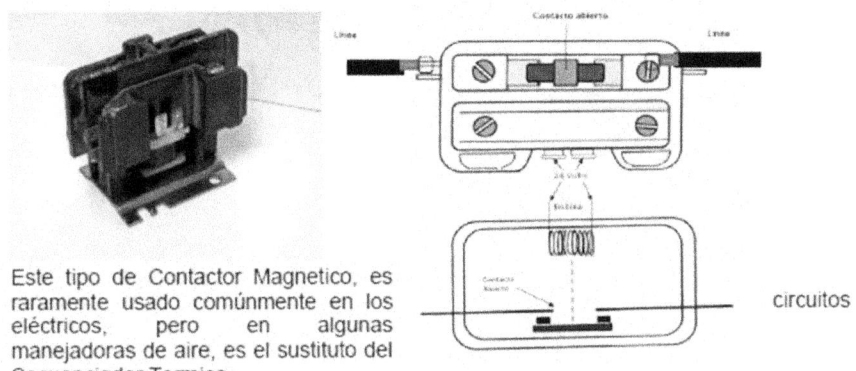

Este tipo de Contactor Magnetico, es raramente usado comúnmente en los eléctricos, pero en algunas manejadoras de aire, es el sustituto del Secuenciador Termico.

circuitos

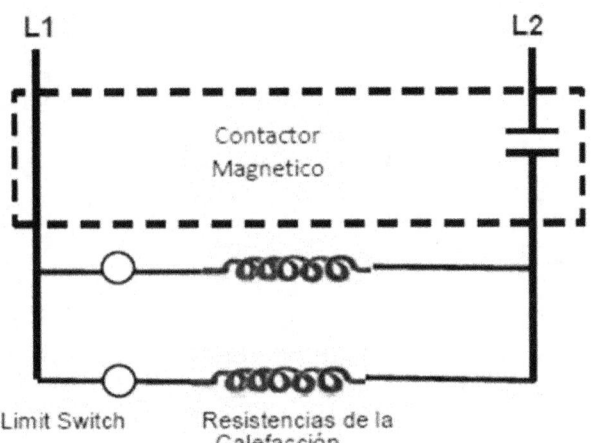

Limit Switch   Resistencias de la Calefacción

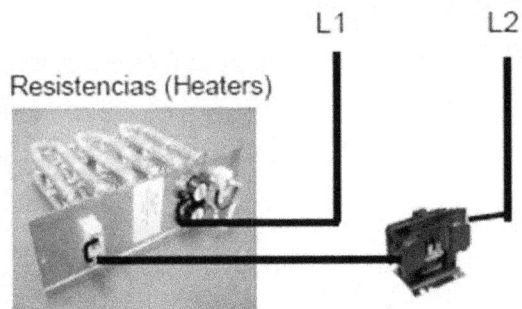

Resistencias (Heaters)

Conexiones Eléctricas más Comunes, Usadas en Aire Acondicionado

CONEXIONES ELECTRICAS DE LA MANEJADORA DE AIRE

Las conexiones eléctricas que aparecen en la siguiente página son los de una Manejadora de Aire de tres toneladas y media (3.5 ton) y de 10 de eficiencia.

Los componentes enumerados son los siguientes:

1. Resistencias de la calefacción (Heaters)
2. Limit Switch
3. Limit Switch
4. Limit Switch
5. Secuenciador Térmico (2)
6. Fan Relay
7. Motor del blower
8. Capacitor del motor
9. Breakers (Fusible)
10. Transformador
11. Conexiones del Termostato

El cable Negro, **Black (BK),** de la alta velocidad viene conectado de la fábrica para que el motor trabaje a alta velocidad solamente. El cable **Rojo (RD)** de la Baja velocidad del motor no viene conectado de la fábrica, lo cual significa que lo mismo en **Cool** (Enfriamiento) que en **Heat** (Calefacción) el motor trabajará a una sola velocidad, *alta*

En algunas ocasiones el Fan Relay no trae el contacto **#6**, para la baja velocidad, lo cual no permite que el motor trabaje a más de una velocidad.

NOTA.

Los terminales identificados con las letras G y W vienen del termostato. El cable R que sale del transformador, va al termostato. Al otro cable que sale del transformador, el cual es el común, tiene que conectar los cables que salen del Fan Relay, el Secuenciador Térmico y el Contactor Magnético. (Ver la conexión del bajo voltaje en la página 61)

A continuación se muestran esquemas eléctricos de las conexiones eléctricas en una manejadora de aire. En el primer esquema se usa un solo Secuenciador Termico y en el segundo se utilizan dos

Resistencias de la calefaccion

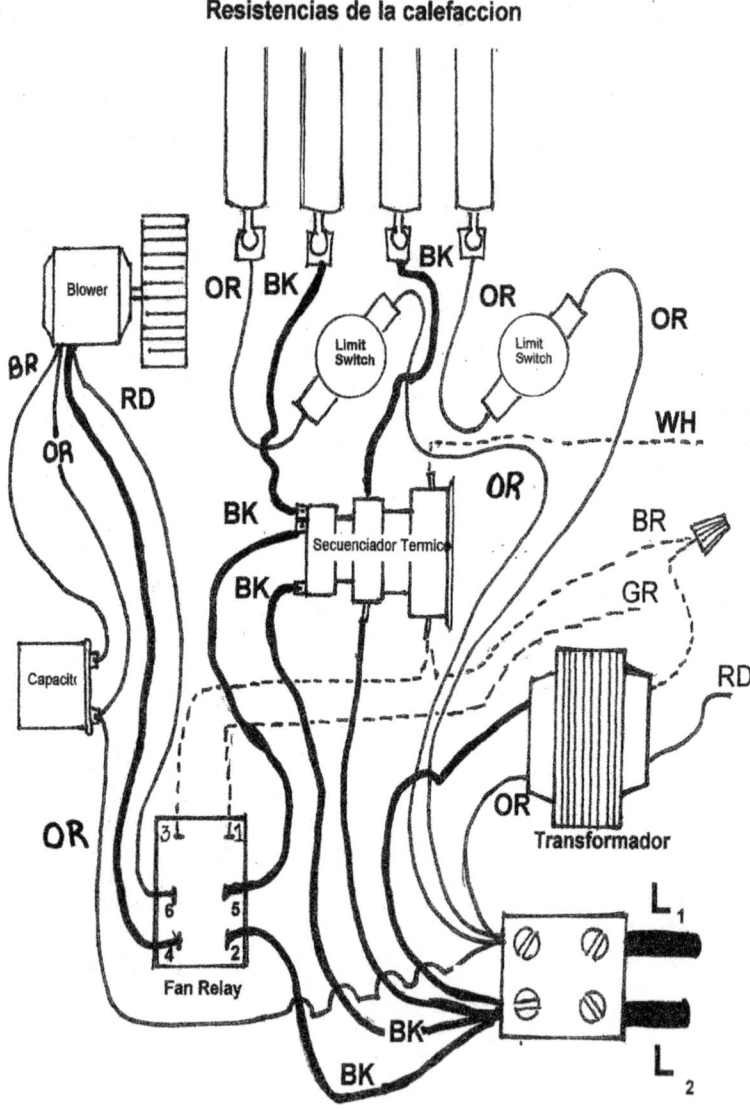

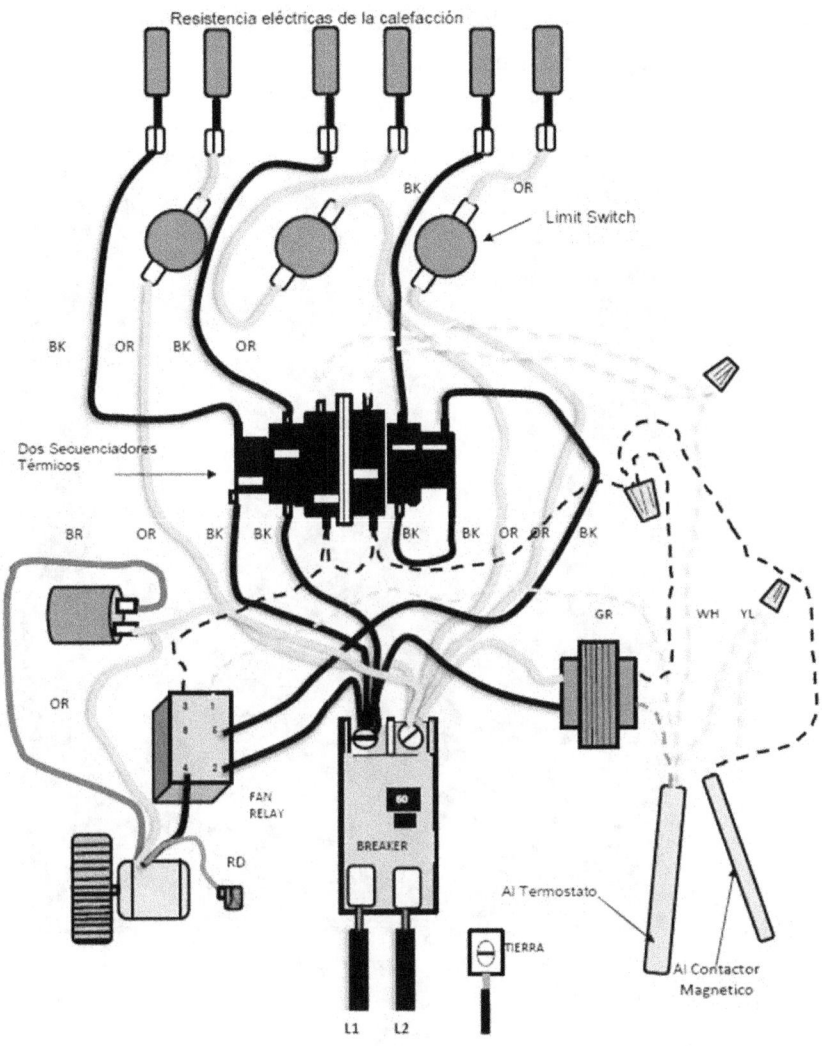

Resistencia eléctricas de la calefacción

Limit Switch

BK   OR

BK   OR   BK   OR

Dos Secuenciadores
Térmicos

BR   OR   BK   BK   BK   BK   OR   OR   BK

GR   WH   YL

OR

3 1
8 6
4 2

FAN
RELAY

RD

BREAKER

60

Al Termostato

Al Contactor
Magnetico

TIERRA

L1   L2

Aqui se presenta una foto de las conexiones en la manejadora de aire mostradas en la página anterior.

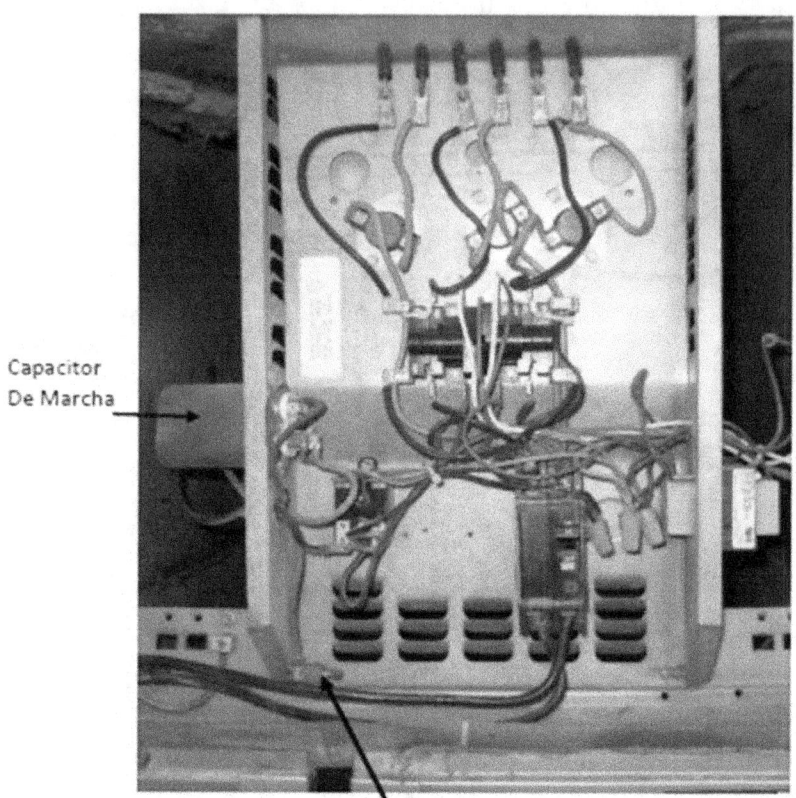

Capacitor
De Marcha

La Baja Velocidad no está conectada

Dispositivos usados en aire acondicionado

TIME DELAY BLOWER RELAY.

Existen algunos sistemas de aire acondicionado en los cuales se quiere que el motor del blower continúe rotando, después que el condensador se detiene,

Cuando este dispositivo es usado, la unidad exterior, compresor y ventilador, comienzan a funcionar primero y después el Blower en la Manejadora de Aire. Esto es debido a que los contactos del **TDBR** no cierran por magnetismo, sino por calor.

Esto significa que deben transcurrir varios segundos y a veces minutos para que el bimetálico que se encuentra en su interior se caliente, dilate y empuje a los componentes que cierran los contactos.

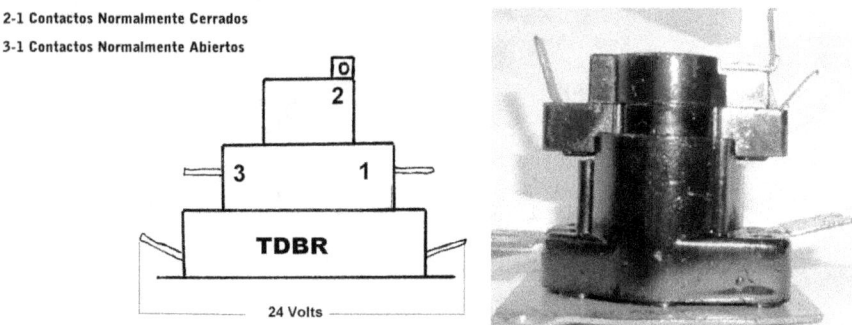

2-1 Contactos Normalmente Cerrados

3-1 Contactos Normalmente Abiertos

2

3   1

TDBR

24 Volts

Cuando se alcanza la temperatura requerida en el interior de la vivienda, y el termostato abre sus contactos, la unidad de condensación se detiene, pero el Blower continúa funcionando aproxímadamente uno o dos minutos y luego se detiene. La razón por la cual esto es necesario, es para que el refrigerante a baja presión que entró al serpentín del evaporador, continúe absorbiendo calor y humedad del aire.

En este sistema de aire acondicionado, no es usado el Fan Relay para poner en funcionamiento al blower. Este tipo de Relay (TDBR) se asemeja mucho en su construcción y funcionamiento a un Secuenciador Térmico.

En el diagrama eléctrico de la siguiente página, se puede observar como es instalado el **TDBR** en el circuito eléctrico de la Manejadora de Aire.

NOTA. En la actualidad, el termostato digital está diseñado para realizar la misma función del TDBR. Este termostato pone en funcionamiento, primero a la unidad de condensación y luego al motor del Blower. Cuando la temperatura a la cual fue ajustado el termostato es alcanzada, primero se apaga la unidad de condensación y el apagado del Blower se retrasa cierto tiempo después que la unidad de condensación se detuvo.

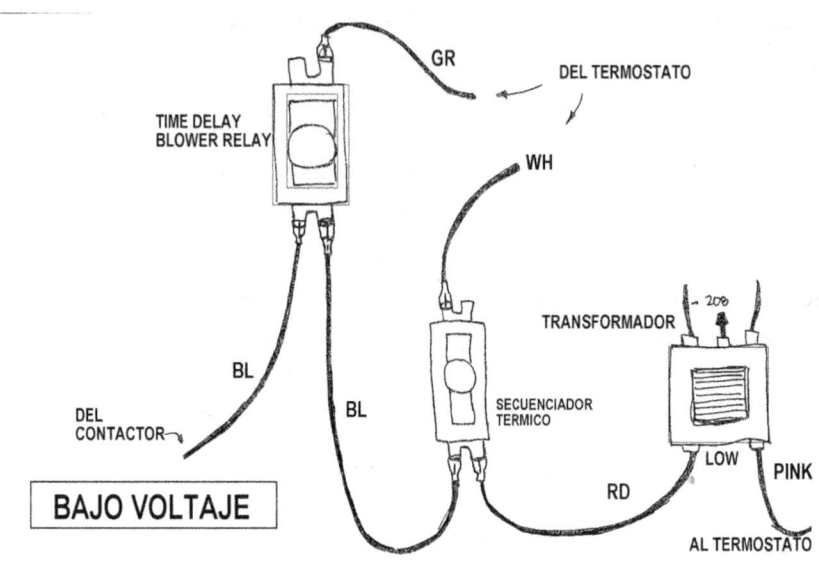

GR

DEL TERMOSTATO

TIME DELAY
BLOWER RELAY

WH

TRANSFORMADOR

20θ

BL

BL

SECUENCIADOR
TERMICO

DEL
CONTACTOR

LOW

PINK

RD

BAJO VOLTAJE

AL TERMOSTATO

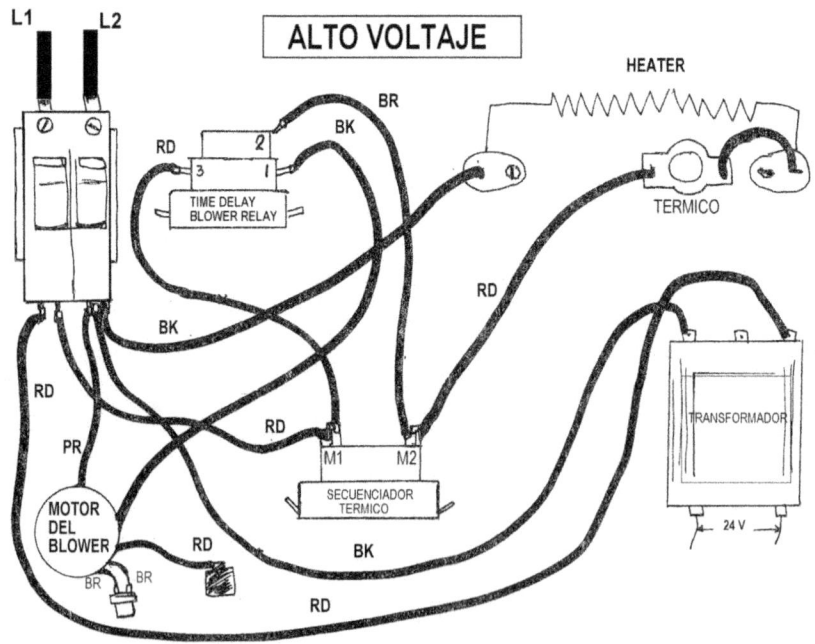

L1 L2

ALTO VOLTAJE

HEATER

BR

BK

RD

2

3   1

TIME DELAY
BLOWER RELAY

TERMICO

RD

BK

RD

RD

PR

RD

M1   M2

TRANSFORMADOR

MOTOR
DEL
BLOWER

SECUENCIADOR
TERMICO

24 V

BR

BR

RD

BK

RD

Bomba de condensado

BOMBA DE CONDENSADO

En algunas instalaciones de la Manejadora de Aire, resulta difícil que la condensación de la humedad en el evaporador, sea drenada por gravedad. Esto puede ser debido a la localización de la manejadora de aire. Por ejemplo si es instalada en un sótano o una oficina interior las líneas de PVC para sacar esta agua hacia el exterior es muy dificil. En estos casos, es usada una bomba de condensado.

Bomba de condensado

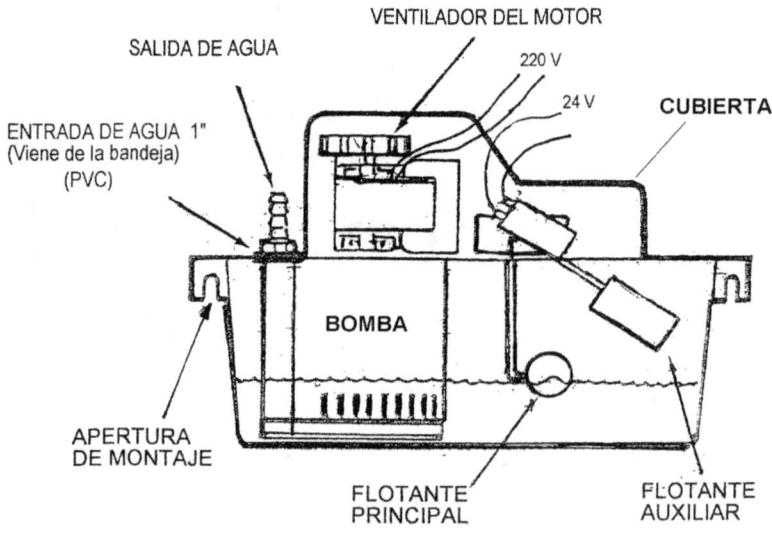

La Bomba de Condensado utiliza un motor que puede ser alimentado con 110 ó 220 Volts el cual es el encargado de mover a la bomba cuando el nivel de agua en la misma aumenta. Cuando el nivel de agua aumenta, el flotante principal cerrará el interruptor que permite que el motor se ponga en funcionamiento.

Además, en la Bomba de Condensado también existe un circuito de protección (Bajo voltaje), el cual detiene el funcionamiento del sistema cuando la bomba se arruina yno bombea. Si se nota que el flotante principal ha cerrado los contactos y existe suministro eléctrico al motor de la bomba, y la misma no funciona, entonces el flotante auxiliar abrió los contactos del bajo voltaje y se detiene el sistema.

El circuito de protección de la Bomba de condensado opera con bajo voltaje (24 V) y el mismo va conectado en serie con el termostato y el transformador. Ver el esquema en la próxima página.

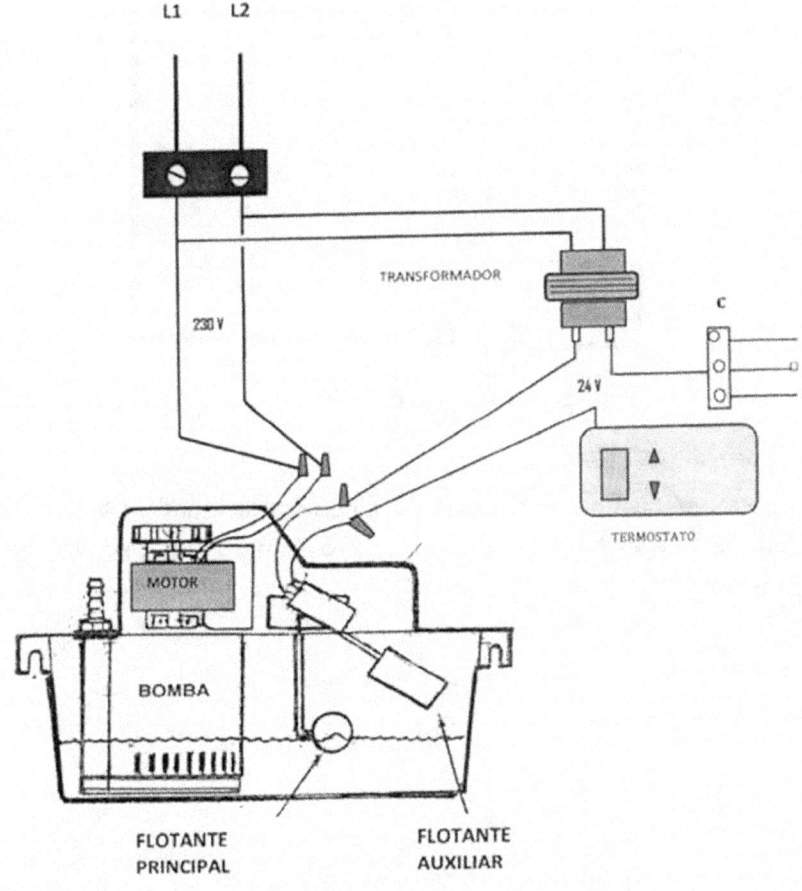

Diagrama de conexión de la Bomba de Condensado.

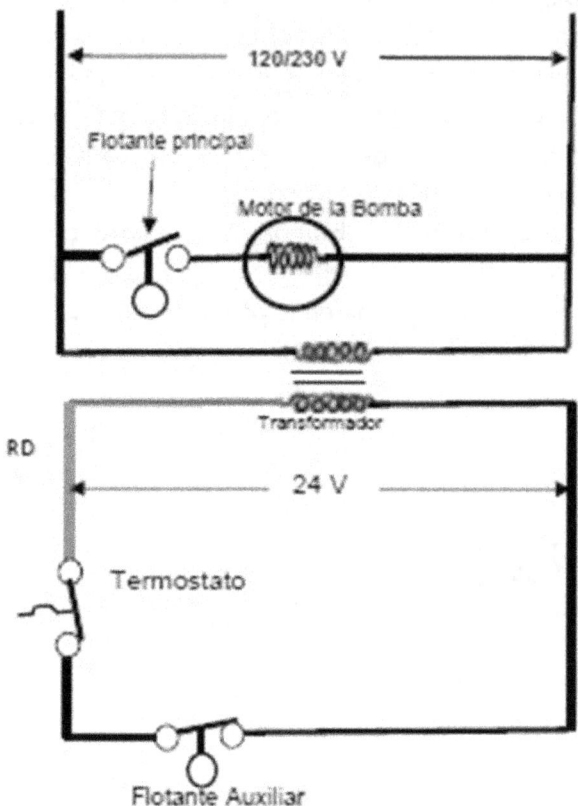

En ocasiones cuando el sistema de aire acondicionado no funciona, es posible que el flotante auxiliar, cortó el paso del bajo voltaje al termostato

Interruptor del flujo de agua (Safe-T-Switch).

En muchos sistemas de aire acondicionado, cuando la bandeja del agua de condensado en el evaporador se tupe y llena de agua, el exceso de agua se derrama al piso creando una molestia al dueño o inquilino del lugar.

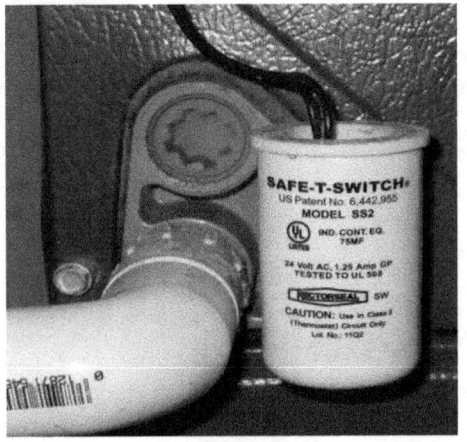

Si la tubería plástica del drenaje se tupe, el resultado será el mismo; la bandeja de agua se desborda y toda el agua cae al suelo.

Para evitar esta situación, es necesario utilizar un interruptor del flujo de agua (Flow Switch) el cual detiene el funcionamiento del sistema e impide que el nivel del agua de condensado continúe subiendo en la bandeja.

Existen diferentes tipos de Flow Switch pero todos cumplen la misma función y van instalados en la linea de drenaje que sale del evaporador.

En todas las bandejas instaladas en el evaporador, que son fabricadas de plástico, existen dos orificios para el drenaje. Uno de los dos orificios está un poco más alto que el otro. En el que está más alto es donde se coloca el Flow Switch.

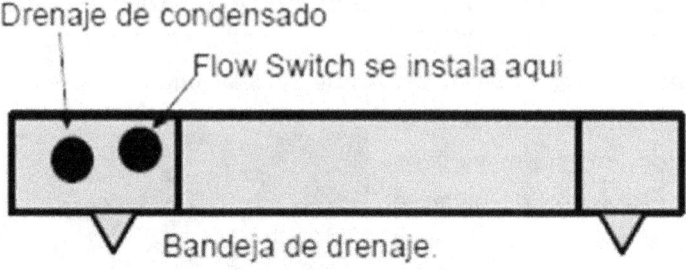

Drenaje de condensado

Flow Switch se instala aqui

Bandeja de drenaje.

Conexión del interruptor al Bajo Voltaje

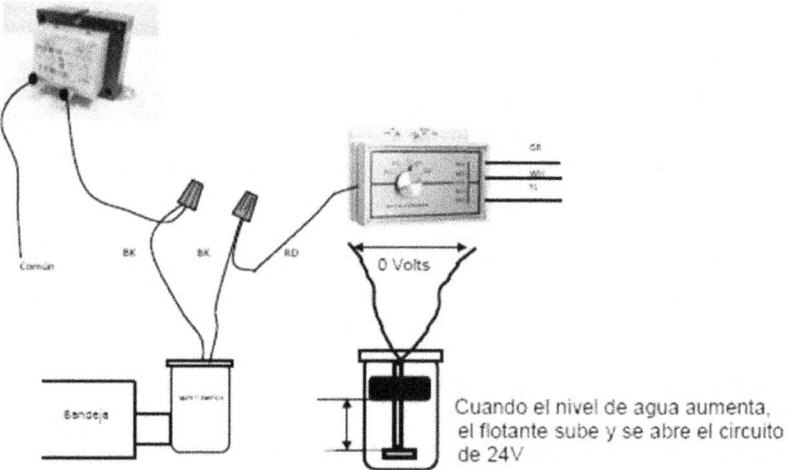

Cuando se corta el paso de la electricidad al termostato, el Fan Relay y el Contactor magnetico dejan de funcionar y el sistema de aire acondicionado de trabajar.

NOTAS.

Conexiones
Eléctricas
de las Unidades
de Condensación

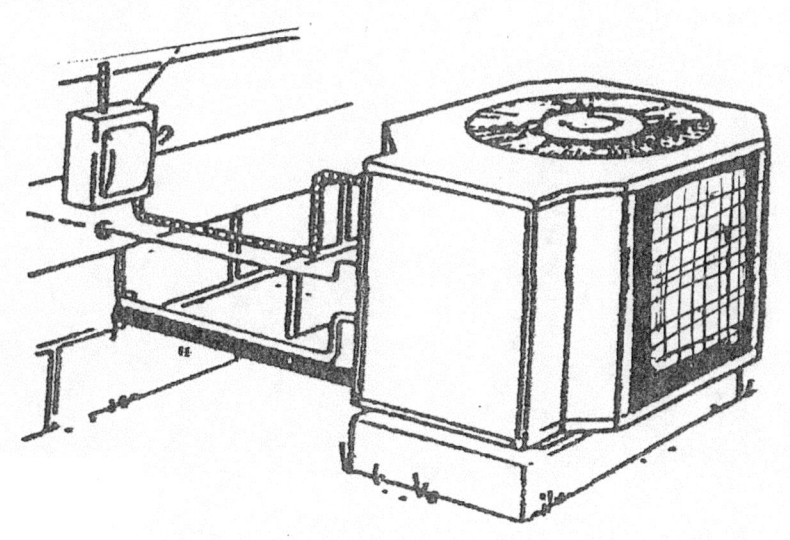

NOTAS.

CONDENSADOR.

Como es conocido, en todas las unidades de condensación siempre vamos a encontrar instalados los siguientes componentes eléctricos.

- Compresor
- Ventilador del Condensador
- Contactor Magnético
- Capacitor del Compresor y del ventilador.

En la figura del condensador que se muestra en esta página, el compresor utiliza un capacitor para el arranque y otro para la marcha.

En la siguiente página se muestra la conexión eléctrica de este condensador.

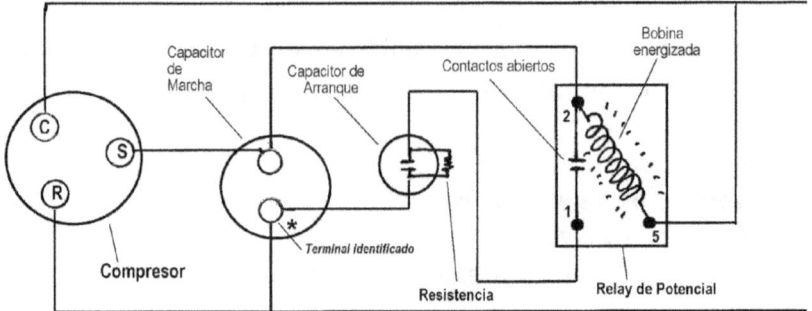

L₁

Capacitor de Marcha

Capacitor de Arranque

Contactos abiertos

Bobina energizada

Compresor

Terminal identificado

Resistencia

Relay de Potencial

2

1

5

La bobina del relay esta energizada y los contactos 1 y 2 estan abiertos. El Capacitor de Arranque ha sido sacado del circuito   L₂

Este condensador con Capacitor de Arranque y Capacitor de Marcha es usado cuando el dispositivo de medición instalado en el evaporador es una Válvula de Expansión Termostática.

En los sistemas de sistema de aire acondicionado que no usan Válvula de Expansión, entonces no es necesario el uso del capacitor de Arranque. En este caso, el compresor solamente utiliza un Capacitor de Marcha.

En la siguiente figura puede observarse como van conectados el compresor y ventilador del condensador a un capacitor de Arranque y un capacitor dual.

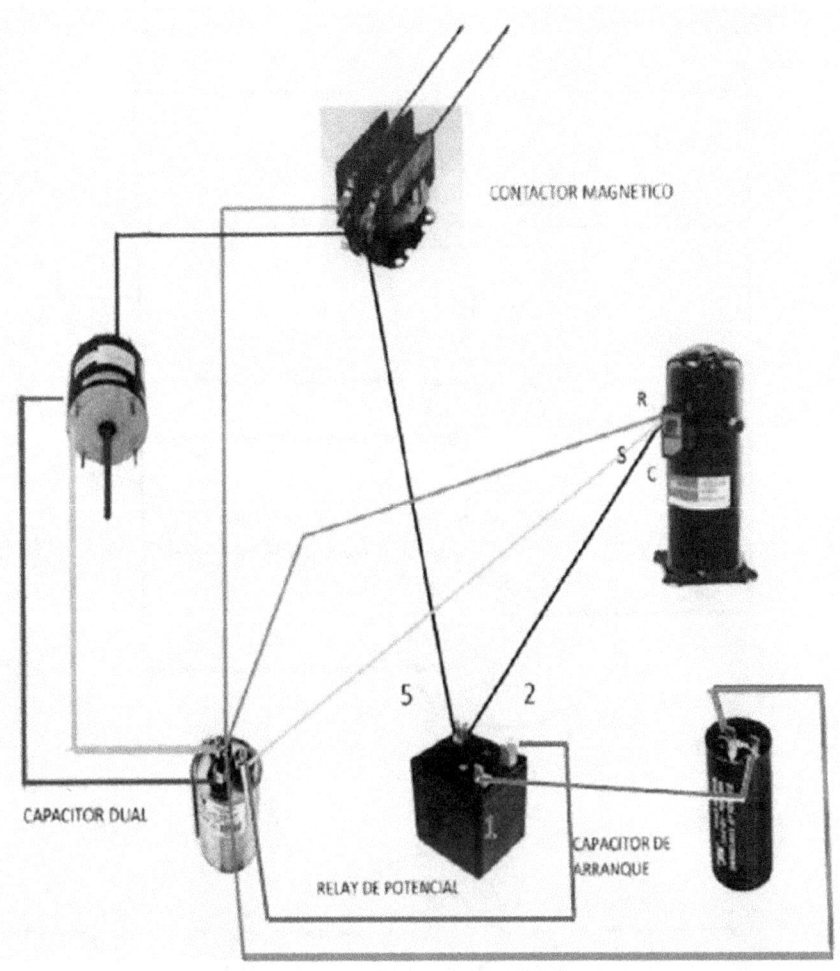

CONTACTOR MAGNETICO

R
S
C

5   2

CAPACITOR DUAL

RELAY DE POTENCIAL

CAPACITOR DE
ARRANQUE

En el siguiente esquema, se muestran las conexiones del compresor y el ventilador conectados a capacitores individuales. También se muestran las conexiones del calentador del cárter y los protectores del compresor.

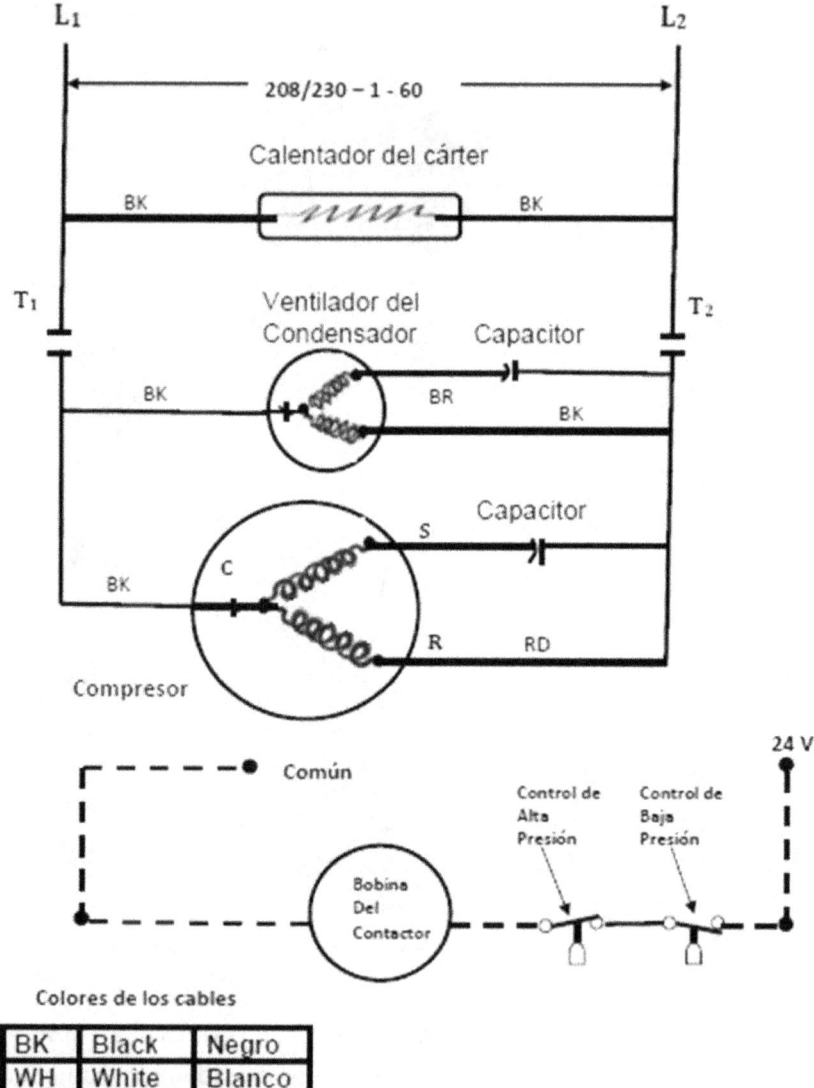

L₁ L₂

208/230 – 1 - 60

Calentador del cárter

BK   BK

T₁   T₂

Ventilador del Condensador   Capacitor

BK   BR   BK

Capacitor

S

C   BK

R   RD

Compresor

Común

24 V

Control de Alta Presión   Control de Baja Presión

Bobina Del Contactor

Colores de los cables

BK	Black	Negro
WH	White	Blanco
BR	Brown	Café
RD	Red	Rojo

Protectores del Sistema

PROTECTORES DEL SISTEMA.

Además de los componentes mencionados, existen otros dispositivos que son instalados en la unidad de condensación durante su construcción en la fábrica. Estos dispositivos son añadidos al equipo con el objetivo de proteger al mismo.

Los dispositivos que se relacionan a continuación, son los encargados de proteger el sistema de una avería cuando existe una elevada presión en el lado de alta, o una baja presión en el lado de baja o un elevado amperaje.

- Control de Alta Presión. Va conectado al **Bajo Voltaje**
- Control de Baja Presión. Va conectado al **Bajo Voltaje**
- Time Delay. Va conectado al **Bajo Voltaje**
- Protector de sobre carga. Conectado al ***Alto Voltaje***

En todo sistema de aire acondicionado, los protectores del sistema, que operan con bajo voltaje (24 Volts), están conectados en serie con la bobina del Contactor Magnético. Cualquiera de estos dispositivos que se abra, cortará el suministro bajo voltaje a la bobina del contactor y se detendrá el funcionamiento del compresor y del ventilador del condensador.

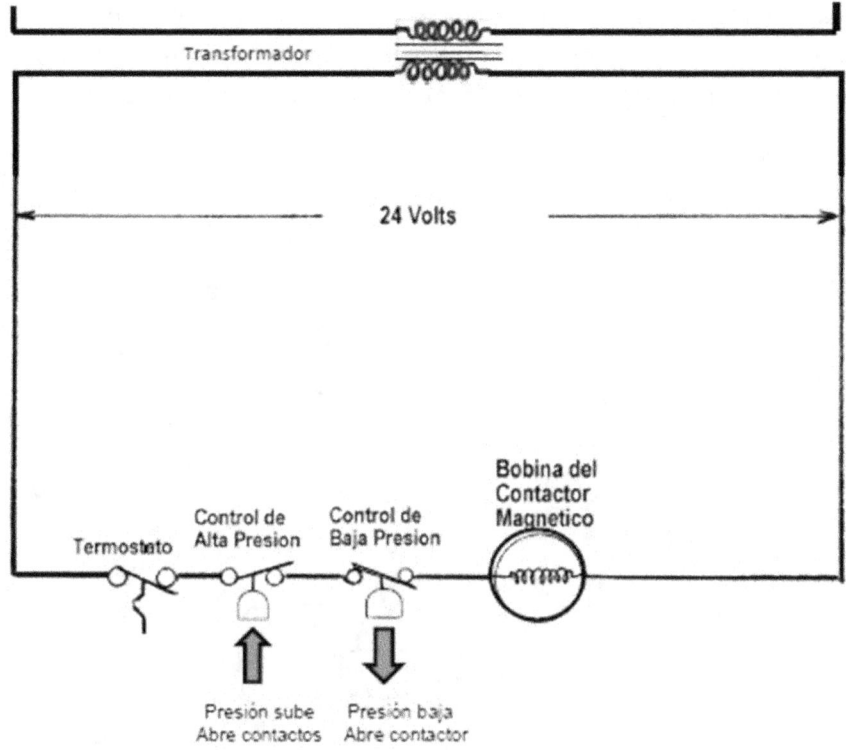

Transformador

24 Volts

Termostato

Control de Alta Presion

Control de Baja Presion

Bobina del Contactor Magnetico

Presión sube Abre contactos

Presión baja Abre contactor

Controles de Alta y Baja Presiones

Podemos decir que los controles de Alta y Baja presiones, en realidad no controlan la presión literalmente. Estos dos dispositivos son protectores del sistema porque cuando la presión baja de un nivel predeterminado, el control de baja presión, abre sus contactos y no permite que la corriente pase hacia el compresor. De la misma manera, el control de alta presión abre sus contactos y detiene el funcionamiento del compresor, cuando la presión del lado de alta sobrepasa el nivel de seguridad predeterminado.

Una baja presión puede ocurrir cuando existe un escape de refrigerante en el sistema y para que el compresor no continúe funcionando al vacío, el control de baja presión abre sus contactos y el compresor se detiene.

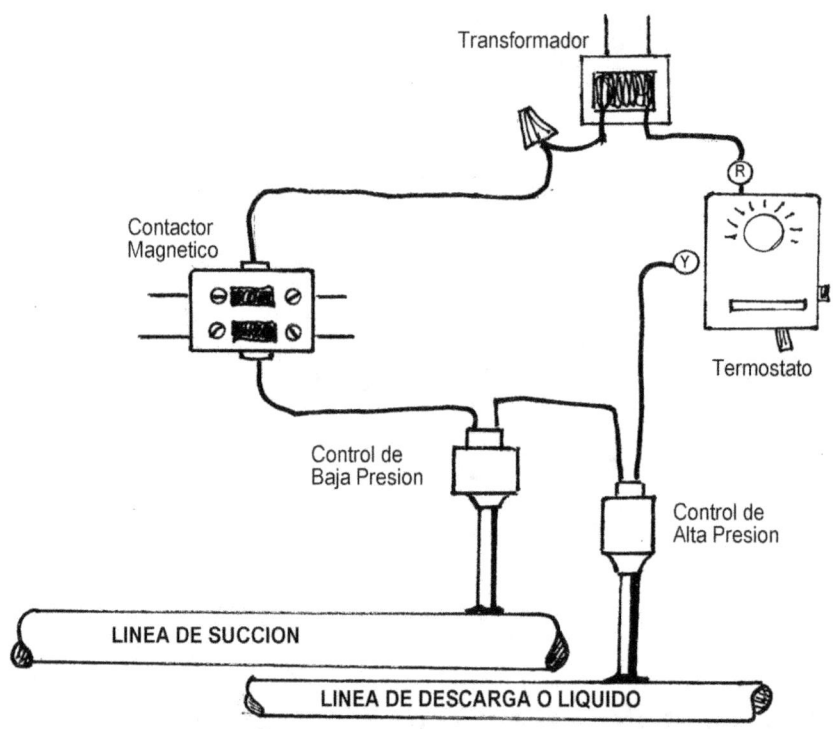

Una excesiva presión ocurre cuando el motor del ventilador del condensador rota a baja velocidad o se detiene completamente. Si el condensador es enfriado por agua y la bomba de agua se estropeó, la presión de descarga aumentará excesivamente, pudiendo dañar al compresor.

Los controles de **Alta y Baja Presión** son dispositivos eléctricos que trabajan con presión. Cuando la presión aumenta o disminuye considerablemente estos controles no permitirán que el bajo voltaje pase a la bobina del Contactor Magnético para detener el funcionamiento del compresor y el ventilador del condensador.

Cuando la presión en el condensador se incrementa y sobre pasa un valor determinado, el control de **Alta Presión** abre sus contactos. Cuando la presión en el lado de baja disminuye debido a un salidero o escape de refrigerante, el control de **Baja Presión** abre sus contactos y detiene el funcionamiento del compresor y ventilador del condensador. Como puede observarse en el esquema, estos controles están conectados en serie con la bobina del contactor magnético.

Como puede observarse en el diagrama anterior, el termostato está conectado en serie con ambos controles de manera tal que cuando sus contactos se abren, se detiene el funcionamiento del compresor y ventilador del sistema.

En la siguiente página, se muestra dónde van instalados estos dos controles en un sistema de aire acondicionado

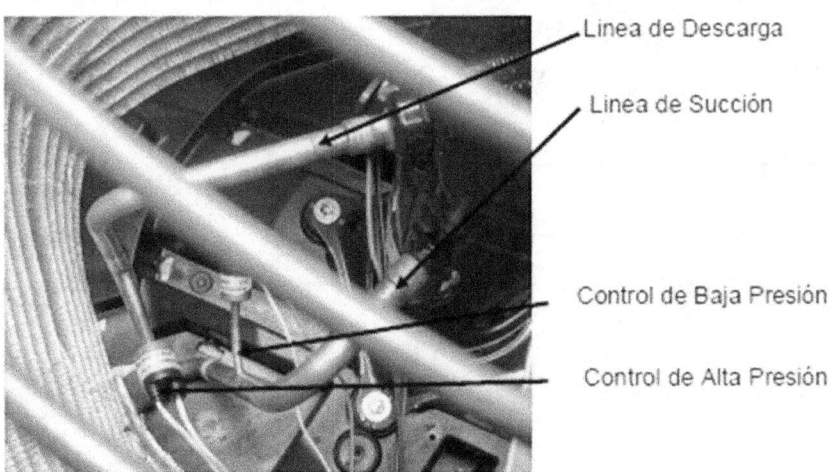

Linea de Descarga

Linea de Succión

Control de Baja Presión

Control de Alta Presión

TIME DELAY

Otro dispositivo eléctrico utilizado en aire acondicionado es el **Time Delay**. Este dispositivo es usado para impedir que el compresor trate de arrancar bajo condiciones de carga extremas. Si el sistema de aire acondicionado se detiene repentinamente debido a una interrupción de corriente eléctrica al contactor, el **Time Delay** atrasara el tiempo de arranque del compresor por varios minutos para evitar que trate de arrancar y se recaliente y se dispare el Overload o protector de sobre carga. Esta interrupción en el suministro eléctrico puede ser debido a que alguien subió la temperatura en el Termostato y repentinamente la vuelve a bajar. Cuando ocurre un corte momentáneo del suministro.

Eléctrico por la compañía de electricidad o cuando cae un rayo y se va la corriente y regresa al momento. En estos casos el **Time Delay** demorará el arranque del compresor automáticamente o por programación de tiempo.

El **Time Delay** es conectado en el circuito de bajo voltaje, en serie con el Termostato **(YL)** y la bobina del Contactor Magnético. En la siguiente página puede verse su conexión.

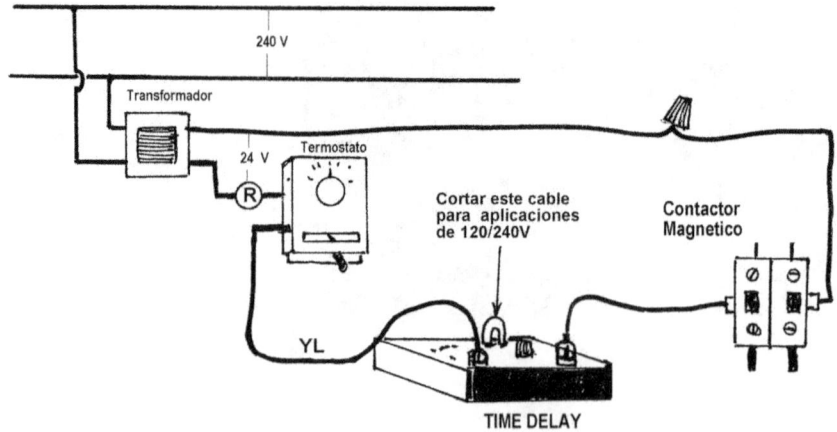

El **Time Delay** mostrado es del tipo que puede ajustarse el tiempo que debe esperar para permitir que circule 24 volts por la bobina del contactor. Este tiempo puede ser ajustado, entre uno u ocho minutos, haciendo rotar el botón de ajuste.

Aunque este es el Time Delay más comúnmente usado, existen otros que ya vienen programados de fábrica. En estos, el tiempo de retraso del funcionamiento del compresor, ya viene programado de la fábrica lo cual significa que no pueden se ajustados. Algunos de estos, no traen solamente conexiones de entrada y salida del bajo voltaje, a veces tienen cuatro terminales para hacer las conexiones correspondiente desde el termostato y el Contactor Magnético.

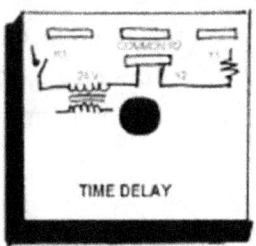

R1 – Del Termostato (Y)
R2 – Al común del transformador
Y2 – Al Contactor Magnético (bobina)
Y1 – Al Contactor Magnético (bobina)

Como la tecnología en el aire acondicionado esta muy desarrollada, este tipo de dispositivo no es usado en los las unidades de condensación de los sistemas actuales, pero aún algunas unidades más viejas todavía se pueden encontrar.

PROTECTOR DE SOBRE CARGA.

El Protector de sobre carga (Overload Protector) es el dispositivo encargado de proteger al motor eléctrico y el mismo es instalado en el interior del motor.

Este protector permite el paso de la corriente hacia el compresor a través de una lámina bimetálica, la cual es muy sensible al aumento de temperatura. Cuando ocurre un aumento de amperaje (corriente) en el motor eléctrico, esto producirá un aumento de temperatura en el protector. Cuando la temperatura en la lámina bimetálica aumenta, la misma se expande y abre los contactos para interrumpir el paso de corriente al motor.

Este tipo de Protector de Sobrecarga (Overload Protector) usado en los compresores, puede ser externo o interno. En la figura se muestra el protector interno muy comúnmente usado en compresores de refrigeración y aire acondicionado. En la mayoría de estos compresores el protector de sobrecarga es del tipo interno. En muchos de los compresores usados en refrigeración el protector es del tipo externo y está colocado en la carcasa del compresor cerca de los terminales C, S y R del compresor.

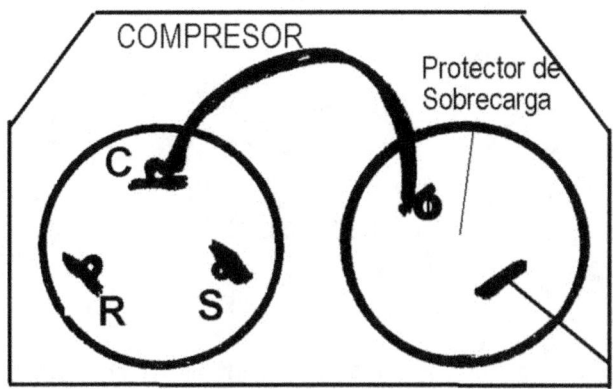

El Protector de sobrecarga va conectado a la línea de alimentación eléctrica y del mismo sale la conexión al común (C) del compresor. En caso de que exista un elevado amperaje (corriente), el protector se abrirá para que no continúe pasando electricidad a través de los enrollados del compresor.

En la figura dónde se muestra el protector de sobrecarga interno, se puede ver que el mismo va conectado al Terminal Común del compresor y a los enrollados de arranque y marcha. El mostrado a la derecha es el externo. Es importante que usted sepa que todos los protectores de sobrecarga no son iguales. Esto quiere decir que si tiene que remplazar uno, asegúrese que el reemplazante tiene las mismas características que el remplazado.

Nada es más seguro y sabio, que seguir las instrucciones o sugerencias que recomienda el fabricante que diseño y construyo el componente que se instala. No se guie por la opinión y conocimiento de otro técnico, al menos que le aconseje que consulte el manual del equipo.

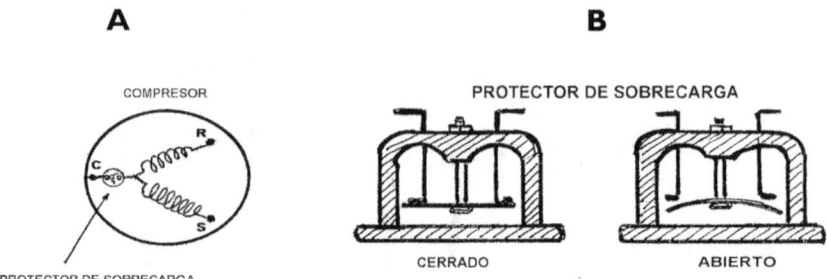

A

COMPRESOR

PROTECTOR DE SOBRECARGA
INTERNO

B

PROTECTOR DE SOBRECARGA

CERRADO   ABIERTO

El Protector de Sobrecarga mostrado en la figura **A**, es instalado en el interior del compresor. Este tipo de protector, es usado en la mayoría de los compresores de aire acondicionado central.

Cuando el Protector de Sobrecarga interno se daña y se abre, éste no puede ser reparado, lo cual significa que el compresor tiene que ser reemplazado por uno nuevo.

El protector usado en el aire acondicionado de ventana y en los compresores de los refrigeradores domésticos, es el mostrado en la figura **B** y el mostrado en la siguiente foto

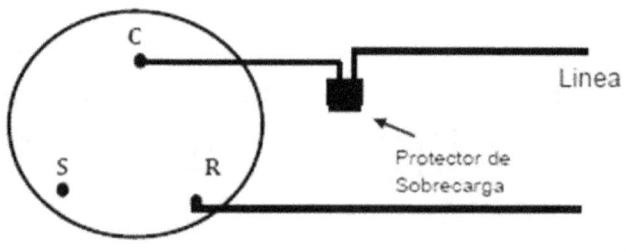

C

Linea

Protector de
Sobrecarga

S   R

N

Cada protector de sobrecarga utilizado en los compresores, son diseñados de acuerdo a las características constructivas del motor eléctrico usado en el compresor. Esto quiere decir que cuando el protector de sobrecarga externo se dañe, el mismo debe ser remplazado por uno que sea igual al que se dañó. Los protectores de sobrecarga no son intercambiables. Cada pieza y dispositivo usado en aire acondicionado y refrigeración, tiene su propio número de identificación. Siempre utilice la parte o pieza correspondiente.

Conexión de arranque de un compresor usado en Refrigeración

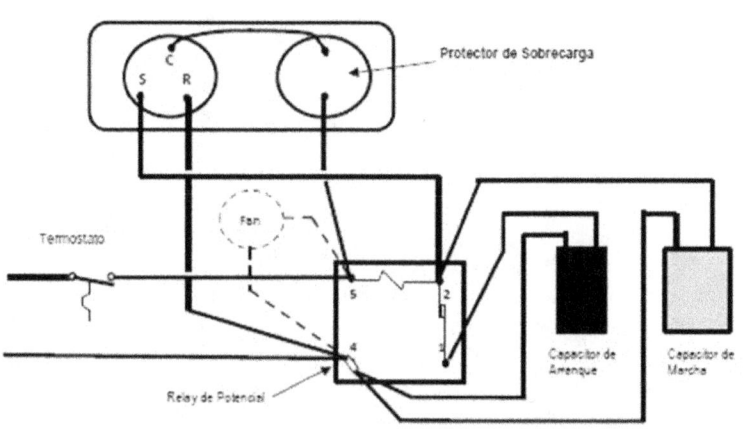

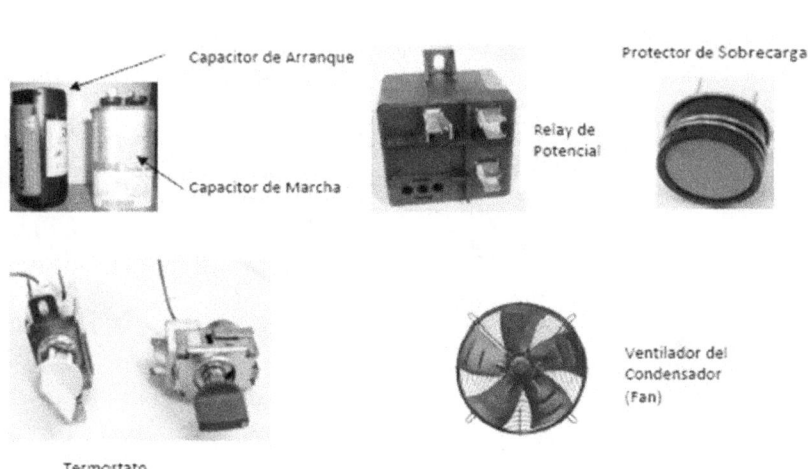

Capacitor de Arranque

Capacitor de Marcha

Relay de Potencia

Protector de Sobrecarga

Ventilador del Condensador (Fan)

Termostato

Problemas más comunes en los Sistemas de Aire Acondicionado

NOTAS.

PROBLEMAS MÁS COMUNES EN EL AIRE ACONDICIONADO.

Cada vez que esté diagnosticando un sistema para encontrar la causa de un problema determinado, siempre vaya de lo simple a lo complejo,

1.- Problema: Ninguno de los componentes del sistema funciona. (Ni en AUTO ni en ON)

Causas posibles	Solución
• Fusibles o breakers abiertos	• Revisar y cambiar los fusibles o Reajustar los breakers *
• Transformador dañado	• Cambiar el transformador *
• Over flow Switch abierto	• Revisar este dispositivo para asegurarse que no desconectó el bajo voltaje

*Antes de cambiar cualquier componente eléctrico, asegúrese de encontrar la causa por la cual se dañó o quemo. Repare cualquier corto-circuito que pueda existir.

2.- Problema: Ni el compresor ni el ventilador exterior funcionan. El Blower funciona

Causas posibles	Solución
• Contactos en el contactor quemados	• Cambiar el contactor
• Bobina del contactor abierta	• Cambiar el contactor
• Conexiones eléctricas flojas o incorrectas.	• Apretarlas o corregirlas

3.- Problema: Compresor no arranca pero el Blower y el ventilador exterior funcionan

Causas posibles	Solución
• Protector de Sobre carga abierto	• Enfriar el compresor y poner el compresor en funcionamiento
• Compresor en corto-circuito	• Remplazar al compresor
• Compresor a Tierra.	• Remplazar al compresor

4.- Problema: Ni el compresor ni el ventilador exterior funcionan. El Blower solo trabaja cuando está en **ON**

Causas posibles	Solución
• Termostato defectuoso	• Cambiar el Termostato
• Conexiones del Termostato incorrectas	• Inspeccionarlo y realizar las conexiones de la forma correcta

5.- Problema: Compresor trata de arrancar pero no arranca y se lleva el breaker.

Causas posibles	Solución
• Enrollados del compresor abiertos	• Cambiar el compresor
• Enrollados en corto-circuito	• Cambiar el compresor
• Enrollado a Tierra	• Cambiar el compresor
• Compresor atascado	• Cambiar el compresor

6.- Problema: Todo el equipo trabaja pero no enfría.

Causas posibles	Solución
• Falta de refrigerante	• Buscar salidero, repararlo y cargar el sistema
• Demasiado refrigerante	• Recuperar y cargar nuevamente el sistema
• Evaporador cubierto de hielo	• Descongelar, determinar la causa y eliminar el problema.
• El compresor no está comprimiendo.	• Cambiar el compresor

7.- Problema: El sistema trabaja pero no enfría adecuadamente.

Causas posibles	Solución
• Insuficiente paso de aire sobre el evaporador	• Chequear el Blower y reparar la causa del problema
• Baja carga de refrigerante	• Añadir refrigerante al sistema
• Demasiado carga de refrigerante	• Recuperar el exceso de refrigerante
• Control de refrigerante defectuoso	• Chequear el control del flujo de refrigerante. • Asegurarse que el pistón de orificio es el correcto
• Si este problema es en una sola habitación, el problema es en los conductos.	• Chequear conductos para encontrar por donde se escapa el aire
• Equipo demasiado pequeño	• Cambiar el equipo.

8.- <u>Problema</u>: Equipo trabaja constantemente. Excesivo enfriamiento.

Causas posibles	Solución
• Termostato defectuoso	• Cambiar Termostato
• Termostato colocado en lugar equivocado.	• Mover el Termostato de lugar
• Conexiones del Termostato incorrectas.	• Inspeccionar y hacer las Conexiones adecuadamente

9.- <u>Problema</u>: El ventilador exterior no trabaja pero el compresor y el Blower funcionan.

Causas posibles	Solución
• Capacitor del motor dañado	• Cambiar capacitor*
• Enrollado del motor abierto	• Cambiar el motor
• Motor defectuoso	• Cambiar el motor
• Conexiones incorrectas (Motor rotando en dirección incorrecta)	• Hacer las conexiones correctamente y cambiar la rotación del motor.

*Es recomendado cambiar motor y capacitor.

10.- Problema: El Blower no funciona ni en **ON** ni en **AUTO**. Compresor y ventilador exterior funcionan.

Causas posibles	Solución
• Fan Relay dañado	• Cambiar Fan Relay
• Termostato dañado	• Cambiar Termostato
• Capacitor defectuoso	• Cambiar capacitor
• Motor dañado	• Cambiar motor
• Conexiones del Termostato mal hechas.	• Inspeccionarlo conexiones y hacerlas correctamente correctamente
• Motor conectado incorrectamente.	• Inspeccionar conexiones y hacerlas correctamente.

11.- **Problema**: Elevada presión en el Lado de Alta.

Causas Posibles	Solución
• Condensador sucio	• Limpiar el Condensador
• Obstrucción al paso de aire sobre el condensador	• Eliminar objetos que impiden el paso de aire hacia el condensador
• Motor del Condensador dañado	• Cambiar el motor
• Capacitor dañado	• Cambiar el capacitor *
• Ventilador del Condensador rotando en dirección incorrecta	• Cambiar la rotación del motor si el mismo tiene los cables necesarios
• Gases no condensables (aire) en el interior del condensador.	• Recuperar, hacer vacío y cargar adecuadamente el sistema con refrigerante nuevo

* A veces es mejor cambiar el motor y capacitor

12.- Problema: Alta presión en el Lado de Alta y baja presión en Lado de Baja.

Causas Posibles	Solución
• Aparato de medición (válvula o tubo capilar) tupido o defectuoso	• Remplazar este componente

13.- Problema: Ninguno de los componentes del sistema funciona.

Causas Posibles	Solución
• Tarjeta electrónica en la manejadora, defectuosa	• En la Tarjeta, buscar si algún componente está quemado. • Cambiar la Tarjeta si es necesario.
• Fusible de la Tarjeta abierto	• Antes de remplazar el fusible, asegúrese de reparar la causa del corto circuito

NOTAS.